# 海上降雨辐射的
# 水声信号研究

## Study on Underwater Sound
## Generated by Rainfall at Sea

刘贞文　著

海洋出版社

2020 年·北京

图书在版编目（CIP）数据

海上降雨辐射的水声信号研究/刘贞文著 . — 北京：
海洋出版社，2020. 7
ISBN 978-7-5210-0614-8

Ⅰ.①海…　Ⅱ.①刘…　Ⅲ.①降雨-水下环境噪声-研究　Ⅳ.①O427.5

中国版本图书馆 CIP 数据核字（2020）第 121547 号

责任编辑：薛菲菲
责任印制：赵麟苏

海洋出版社　出版发行

http://www.oceanpress.com.cn
北京市海淀区大慧寺路 8 号　邮编：100081
中煤（北京）印务有限公司印刷
2020 年 7 月第 1 版　2020 年 7 月北京第 1 次印刷
开本：880mm×1230mm　1/32　印张：5.25
字数：127 千字　定价：68.00 元
发行部：62100090　邮购部：68038093
总编室：62100971　编辑室：62100038
海洋版图书印、装错误可随时退换

# 前　言

　　海上降雨落在水面上并在水中辐射的声音（简称降雨噪声）是海洋环境噪声背景场的一个重要干扰源，会极大地降低声呐的检测能力，影响水声通信的应用频段，降低水声设备的性能。未来的海战极可能是在恶劣天气（往往伴随疾风暴雨）下进行，充分掌握降雨噪声的特性，不仅在军事上有利于检测海洋环境噪声背景中的干扰源，提升水声设备的作战效能，而且在民用上可拓展应用声学方法监测海上降雨等技术。近几十年来，美国等发达国家为了解释降雨噪声的产生机制，对自然界的降雨噪声开展了大量的观测。前期的研究成果表明，降雨噪声的功率谱分布与空中降雨强度大小息息相关。但是，受限于降雨噪声的观测和数据获取的诸多困难与不确定性，现有的工作仍以揭示降雨噪声现象、解释水滴在水中辐射噪声信号的机理为主，尚未从量化角度系统地建立降雨噪声功率谱与降雨强度的内在联系。

　　因此，为深入掌握降雨噪声的特性，本书从以下多个角度开展研究。

　　1. 深入系统地分析水滴落在水面时在水中辐射噪声信号的内在机制。在综合分析国内外降雨噪声相关文献的基础上，阐述了室内水滴实验与自然界实际降雨过程中辐射噪声信号的异同，总结了降雨中影响噪声信号辐射的三个主要因素：雨滴的粒径分布、雨滴的终端速度和雨滴的入射角度。采用可控法在实验室水池中开展了

1

人工水滴观测和水滴撞击水面时产生的噪声波形与功率谱分析。

2. 从理论上推导了降雨噪声观测过程中水面有效测量面积的估计方法，设计了岸基和潜标两种形式的降雨噪声观测方案。利用已开展的 12 次野外降雨噪声的观测，获取了约 2 000 min 的降雨噪声数据（涵盖了毛毛雨、中雨、大雨等 0~72 mm/h 不同降雨条件）。阐述了降雨噪声信号的提取方法、降雨噪声的功率谱计算方法。研究了干扰噪声的剔除方法，尤其是风成噪声功率谱的剔除方法。

3. 对实测的降雨噪声功率谱开展定量分析。通过采用"时间一致"的原则，同步匹配了空中降雨强度与水下噪声，提取了不同降雨强度下的典型的水下噪声功率谱，建立起噪声功率谱曲线类型与降雨强度的联系。根据功率谱在频带 1~30 kHz 的形状，创新性地将降雨噪声功率谱曲线分成三类：一是降雨强度为 0.1~4.0 mm/h 的噪声功率谱，在频带 13~5 kHz 时出现较高幅度的谱峰；二是降雨强度在 4.0~18.0 mm/h 的噪声功率谱，除了存在频带 13~25 kHz 宽谱峰外，频带 2~10 kHz 的功率谱迅速增加；三是降雨强度在 18.0 mm/h 以上（大雨或暴雨期间）的噪声功率谱，频带 1~30 kHz 上的谱级都较高，比无雨时的背景噪声增加了 20~30 dB，且谱级具有负斜率趋势。此外，各频率点噪声功率谱与降雨强度的相关性分析表明，在 1~30 kHz 的频率分析带宽内，频带 1~10 kHz 的各频率对应的功率谱与空中降雨强度的相关性最好。

4. 首次结合水声传播理论提出了海面降雨噪声源强度的计算方法。在降雨噪声研究中，通常把水听器接收到的降雨噪声信号直接当成水面降雨噪声源信号，而极少考虑水面降雨噪声源在水声信道传输过程的声能损耗，导致利用降雨噪声功率谱反演的降雨强度公式的系数不能普遍适用。因此，针对不同海洋环境和不同接收深

2

度下的降雨噪声源强度归一化问题，本书在综合分析海面噪声源模型、降雨噪声源强度提取的研究背景和影响海面噪声源强度提取的因素之后，结合水声传播理论，创新性地建立了基于接收器降雨噪声信号提取海面降雨噪声源强度的方法，考虑了声波在水体传输中引起的声能损耗，提取了与测量水域环境不再相关的降雨噪声源强度。最后，通过传播模型的数值仿真给出海面降雨噪声源强度的校正系数，结合深海和淡水湖两个典型水域环境和实际测量的降雨噪声数据进行检验。结果表明，这种利用水听器获取的降雨噪声信号提取海面降雨噪声源强度的方法是可行的。

　　本书是在国家自然科学青年基金（NO.41406048）和集美大学项目启动金（ZQ2019026）的资助下，对降雨噪声特性进行系统的梳理和研究，为极端气候条件下的海洋环境噪声应用提供必要的理论依据。同时，本书部分研究内容源于作者的博士论文，在此谨向导师厦门大学许肖梅教授表示衷心的感谢。另外，自然资源部第三海洋研究所的杨燕明、牛富强、文洪涛在本书的形成过程中也给予了大量的支持与帮助，在此一并表示诚挚的谢意！

　　由于海洋环境及降雨噪声的复杂性，本书的研究成果尚显粗浅，同时由于作者时间和水平所限，书中不妥和错漏之处恳请读者予以批评指正。

# 目  录

# 第1章 绪 论

## 1.1 研究背景及意义

降雨是最重要的大气现象之一，按降雨分布的不同，可分为陆地上空的降雨和海洋上空的降雨。陆地上空的降雨会对社会和经济产生重大影响，很早就得到人们的普遍关注。与此相反，虽然海洋上空的降雨占全球降雨总量的80%以上[1,2]，但海洋上空的降雨目前仍然未受到广泛重视。

对海洋上空降雨的关注目前仍然集中在科学领域。海洋上空的降雨是最重要的全球气候影响因子。因为海洋上空的降雨落在海面上会释放潜热（潜热是驱动大气环流的重要能量），进行海气能量交换，在地区和全球热收支及水收支中起主要作用。气候学家为了改善气候预报的精度，希望能够准确地获取海洋上空的降雨量，以了解每次降雨所释放的潜热通量。目前，美国国家航空航天局（National Aeronautics and Space Administration，NASA）正积极支持和发展用于测量海洋上空的降雨的两种技术：星载降水雷达卫星技术和水声学监测海上降雨技术[1,3]。

虽然星载降水雷达卫星技术能够提供相对完整和均匀的空间覆盖，但是，该技术缺乏在时间上连续观测的海上降雨数据。如热带降雨测量卫星（Tropical Rainfall Measuring Mission，TRMM）携带的测雨雷达每隔91 min对星下点海面5 km宽度的降雨进行单次的测

1

量，每天完成一次完整的热带和亚热带区域覆盖[4]。实际上，降雨现象恰恰是短时瞬态的，一个下雨过程可能仅持续几十分钟，星载降水雷达技术利用周期为一天的数据采样点远远不能满足科学应用需求。因此，NASA 迫切需要海上现场降雨数据库来解释、补充、验证真实的海上降雨分布状况。

陆地上使用的常规设备（如雨量计、无线电高空探测仪、机载雨量计等单点测量设备）对时空上极不连续、浩瀚开阔海域的海上降雨现象来说，要进行足够的空间采样很困难。而且，即使在船上搭载各种雨量计，也会受到海水飞沫、平台稳定性、船舶诱导风等的影响，实际有效的雨量测量数据更少[1]。

因此，NASA 正在发展有前景的另一个技术——用水声方法监测海上降雨。采用水声学监测海上降雨的技术是星载降水雷达卫星技术的重要补充。与陆地上使用的常规雨量计相比，通过水声学技术监测海上降雨有如下优点：一是一些海面平台无法适用于常规的雨量计，因为海面存在很大起伏，平台的稳定性极差，而水听器没有海面平台，监测时可在水听器能部署的任何水域（如可采用锚系潜标）；二是不同深度的水听器可以提供较大范围的降雨空间数据平均，从验证星载降水雷达卫星技术监测的海上降雨数据的角度来看，希望能对降雨数据进行空间平均，而利用水声学监测海上降雨的技术也是对降雨数据进行空间平均的结果[5]。

发展水声学监测海上降雨技术的核心是利用了降雨的一种特殊现象：海洋上空的降雨落至自由海面上会在水中辐射高强度、宽频带的声信号。在本书中，我们把这种由于降雨引起的声信号称作降雨噪声。具体地说，在无指向性水听器接收的海洋环境背景噪声中，由海上不同降雨条件产生的声信号具有独特的功率谱特征，因此，可以利用这种特征实现水声学监测海上降雨的目的。即首先在水中采用"听声音"的方式获得降雨噪声数据；其次，通过分析降雨噪声的信号频率和时间特征，获得基于噪声功率谱的海上降雨强度反演算法。

然而，目前利用水声学监测海上降雨技术还存在尚未解决的科学问题，主要表现在：从不同水域观测的降雨噪声数据导出的反演降雨强度算法在同批的调查数据内是合适的，但当扩展应用到其他海域或其他时期时，虽然降雨量反演结果的总趋势基本一致，但在数值上偏差较大，缺少一致性。

回溯降雨噪声的研究历程，大致可分为三个阶段。第一阶段，始于第二次世界大战之后至20世纪80年代末，主要侧重于揭示海上降雨会在水中辐射声信号这一容易被人为忽略的特殊现象；第二阶段，始于20世纪90年代初，伴随着电子技术和高速摄像机的发展，使得在实验室内观察单个水滴撞击自由水面的过程得以实现，因此科学家更多地转向微观世界以获得水滴落在水面在水中辐射声信号的物理机制；第三阶段，进入21世纪以来，为了实现降雨噪声的两大应用需求（降雨噪声对海洋环境噪声背景场的影响和用声学方法监测海上降雨），科学家重新着手分析降雨噪声与空中降雨强度的关系，并开始将降雨噪声的观测水域由淡水湖逐渐转向海洋水域。

从已有的研究成果来看，迄今为止，降雨时雨滴在水中的声辐射的微观机制研究已相当深入，成功地定性解释了独特的降雨噪声功率谱特征的形成原因。不足的是，降雨噪声功率谱与空中降雨强度的内在规律的研究在定量方面刚刚起步，目前既不了解降雨噪声的谱特征，又难以实现用水声学监测海上降雨的技术。因此，为了实现最终的应用需求，至少还需要解决三个科学问题。

（1）降雨过程中是如何辐射声信号的，并且在频率域上如何增加水中的噪声功率谱？

（2）在实际降雨噪声测量过程中，如何排除其他噪声干扰，剔除降雨噪声在海洋信道传播过程中环境的影响，以获得真实有效的海面降雨噪声源数据？

（3）降雨所产生的噪声功率谱特征在频率域或强度上与空中的降雨条件（或降雨强度）之间存在多大相关性？

近几十年来的研究初步回答了第一个科学问题，目前已可以解释降雨噪声的产生机制；第二个科学问题涉及海面降雨噪声信号在海洋信道中的传播，目前仍不成熟，不仅缺乏现成的理论方法，而且在信号处理时较少综合考虑这些因素的影响；第三个科学问题主要侧重于解决降雨噪声特性与海上降雨强度之间的相互关系，需要定量研究，也在很大程度上依赖于前两个科学问题的掌握程度。因此，解决第二、第三个科学问题是掌握降雨噪声特征的重要环节。

众所周知，用水听器接收的降雨噪声信号，既包括降雨噪声源信号本身的特性，又包括降雨噪声在海洋信道传输过程中所包含的环境信息，尤其涉及表面噪声源在水中的传播问题。对于第三个科学问题，要实现利用降雨噪声功率谱监测海上降雨的技术，主要取决于所观测的降雨噪声功率谱的精度。倘若所获得降雨噪声功率谱不能真正体现降雨噪声源特性，那么，利用这种数据反演的海面降雨强度的精度就难以保证。事实上，这个问题的讨论恰恰是在很多文献中所忽略的。因此，如何提取海面降雨噪声源特性正是本书尝试要达到的目标。

研究降雨噪声特征的另一个重要意义是有助于揭示海洋环境噪声背景场中地球物理噪声源（Geophysical Noise Source）的基本特征[6]，可以用于指导声呐系统或海洋水声相关设备的应用。众所周知，海洋环境噪声是水声信道的重要干扰背景场，任何声呐系统的设计和使用都要受海洋环境噪声的限制。在声呐方程 SL−TL＝NL−DI+DT 中，海洋环境噪声作为信道的加性干扰，用噪声功率谱加以描述[7]。海洋上空的降雨会在水中辐射高强度、宽频带的声音，从而引起海洋环境噪声级的较大变化，降低了声呐、部分水声通信等设备的使用效能。美国等发达国家的研究结果表明[8,9]，降雨的存在使得水声设备各频带的使用效果大打折扣。未来的海战恐怕需要在恶劣的海洋环境条件下进行，因此海洋学家为了评估和改善海里的声呐性能，了解海上降雨形成的噪声特征十分必要[10]。

## 1.2　降雨噪声研究现状

### 1.2.1　国外研究进展

1908 年，Worthington 发表了他的著作 "A study of splashes"[11]，书中首次提到了雨滴落至水面会在水中辐射声信号的现象。但是，真正对降雨噪声展开科学研究的时间则始于第二次世界大战之后，最初的目的主要为军事需求——研究降雨噪声对海洋环境噪声背景场的影响。1948 年，Knudsen 等[12]指出，降雨会产生相当可观的水下噪声。1949 年，Teer[13]指出在谱的 5~10 kHz 频带上暴雨时噪声功率谱增加了 30 dB（以 1 μPa 为参考级）。

Heindsmann 等[14]发表了他们在长岛海峡东端深约 36.5 m，水听器深度约 35 m 的测量结果。他们观察到降雨期间的环境噪声功率谱在 1~10 kHz 有如下特征：频带上暴雨的噪声功率谱接近"白噪声"，而在 10 kHz 处，暴雨下的噪声功率谱超过无雨时的18 dB，如图 1.1 所示；可惜，Heindsmann 等没有获得超过频率10 kHz 的数据，导致他们未能发现降雨时在宽频域上独特的功率谱形状，因此

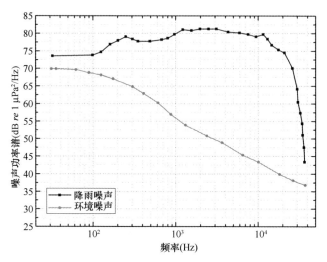

图 1.1　暴雨时的噪声功率谱和暴雨前的海洋环境噪声功率谱

得出的结论是降雨噪声是"宽带的白噪声"。

　　Franz[15]试图在实验室内开展降雨辐射声信号的机理研究，他首次建立了单个水滴自空气中降落至水面的实验，观察了声信号的产生现象，计算了水滴引起的噪声功率谱。Franz 指出，水面降雨产生的声信号幅度与雨滴落至水面之前的直径、速度有关。Franz的工作促进了水滴在水中辐射声信号机制的研究，但他试图建立的降雨噪声功率谱的频带分布规律强化了 Heindsmann 等的错误结论。Wenz[16]在编制著名的 Wenz 噪声功率谱图时，降雨的噪声功率谱又采用了 Franz 的研究结论，使得这种错误又在 Wenz 曲线中重复出现，如图 1.2 所示。

　　Bom[10]第一次有目的地开展了降雨噪声的观测，他在深 10 m、直径 250 m 的意大利淡水湖中心处布放一个接收深度为 5 m 的无指向水听器进行降雨噪声测量，获得较好的降雨声信号数据。但是，

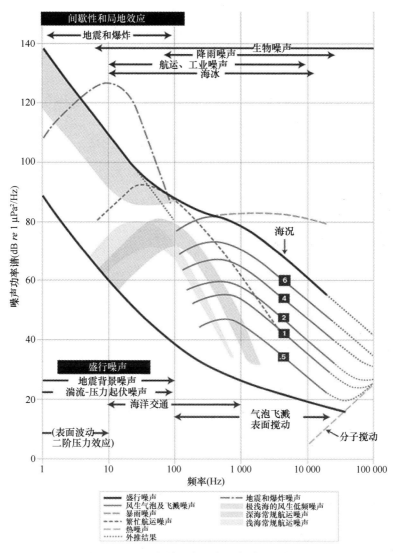

图 1.2　Wenz 海洋环境噪声功率谱的分布规律

他在采集方案参数设置中与 Heindsmann 等观测方案中存在同样的频率带宽限制，因此，他除了再现降雨噪声功率谱曲线较为平坦的现象（与 Franz 的理论相符合）外，仅能够得出降雨噪声功率谱随降雨强度的增加而增加，并随频率存在微小偏差的大致规律。不过，其观测的降雨噪声功率谱比 Franz 的理论估计值高 5~10 dB。

到了 20 世纪 70 年代中期，两种因素重新点燃了降雨噪声的研究热情。一个是军事需求：理解和掌握水下噪声源的产生机制，提升水下声探测、信号处理等技术。另一个因素是声学技术在地球物理调查中的重要应用探讨。例如，Shaw 等[17]实现了用水声方法监测海面风速的反演方法。在研究中，他认识到风成噪声谱有时会被降雨噪声谱污染，因此考虑是否可以利用降雨噪声谱实现观测海上降雨强度的可能性。之后，Munk 和 Baggeroer[18]开展了降雨噪声与降雨强度的相关性分析，这是降雨噪声研究进程中的一个重要量化研究。Nystuen[1]在 8 m 深的克林顿淡水湖（Clinton lake）获得第一手具有宽频带的降雨噪声数据，发现在 0.5~20 kHz 上的宽频范围内，降雨噪声功率谱级比晴天的背景噪声谱水平增加 35 dB，即使是微风中的毛毛雨，在噪声背景上频率 15 kHz 附近出现幅度比其他频带高 10~20 dB 的宽频谱峰。不过 Nystuen 的研究成果延迟到 1986 年才出版。Lemon 等[19]利用 500 Hz、5 kHz 和 25 kHz 三个不同频率的噪声谱强度差异，在记录的背景噪声波形序列中识别降雨的发生事件，但他试图由降雨噪声推导出空中降雨强度的努力未能成功。

Scrimger[20]在加拿大开阔的湖面上也进行降雨噪声的观测，他观测到以前其他学者从未注意到的现象，即在频率 13.5 kHz 处存在一个声谱峰，在谱峰的低频侧存在较陡的斜率，而在谱峰的高频侧上存在较缓的斜率。Scrimger 等[21]在加拿大的大不列颠哥伦比亚

8

省温哥华岛的一个湖上又对降雨噪声进行了测量（水听器接收深度为 34.3 m），结果见图 1.3。这些观测数据表明，降雨时在频率 15 kHz 附近的噪声功率谱最大。

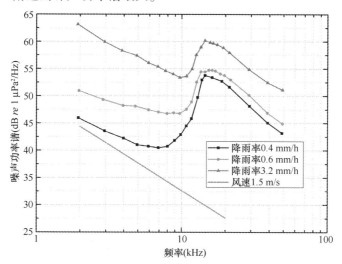

图 1.3　不同降雨强度的噪声功率谱

风速为 1.5 m/s 的直线是 Knudsen 谱

　　到了 20 世纪 90 年代，伴随着电子技术和高速摄像机技术的发展，使得由宏观领域转入微观领域的研究成为可能，对降雨噪声的研究也不例外，即研究水滴落至水面后在水中辐射声信号的机理。科学家希望通过人工降雨实验允许在可控条件下观测分析降雨过程中辐射声信号的机制，这对于识别自然界降雨事件有重要意义。

　　Pumphrey 等[22]、Pumphrey 和 Crum[23] 通过在实验室建立水滴撞击水面的实验，确定水滴辐射声信号的主要现象：一是水滴撞击水面后由于撞击产生声信号；二是雨滴撞击水面时可能同时产生气泡，而这些气泡以小振幅振荡，作偶极子辐射并产生声信号。第一个现象对于每个水滴均会发生，但第二个现象并不总是出现。他们还指出：频带 14～16 kHz 的谱峰可能与气泡的振荡有关。Laville 等[24]和 Buckingham[25]在各自深入研究了气泡和雨声的产生机理后认为，降雨噪声有两个来源：水滴撞击水面和气泡共振。他们认为气泡共振能在 10～15 kHz 处产生谱峰，而水滴撞击水面则能产生具有负斜率的宽带频谱。Medwin 等[26]认为自然界降雨噪声的产生机制可根据雨滴粒径做进一步细分：小尺寸雨滴（直径 0.8～1.1 mm）仅产生气泡并共振辐射声信号，在 15 kHz 左右；中等尺寸雨滴（直径 1.1～2.2 mm）仅辐射宽带撞击声；较大尺寸雨滴（直径大于 2.2 mm）同时辐射宽带撞击声和气泡共振声。在这时期，还有许多学者开展水滴撞击水面的实验，这些实验从不同细节上揭示了水滴落至水面辐射声信号的机理。

进入 21 世纪以来，有关降雨噪声的工作主要集中在：①继续开展降雨噪声现象的实际观测及功率谱分析，并将观测水域逐步地由淡水湖转向浅海，甚至深远海；②继续分析降雨噪声的辐射机理；③开始研究降雨强度与降雨噪声的内在联系。这几个内容既相互独立，又相辅相成，极大地促进了海上降雨噪声的研究。例如，1998 年，一个旨在理解东南亚和中国南部季风关键物理进程的南海季风实验（South China Sea Monsoon Experiment，SCSMEX）在东沙群岛附近海域（20.8°N，116.8°E）进行[6]。降雨观测是这次实验的主要部分，实验仪器包括两个用于记录雨声信号的水声信号记录仪、一个 Dual-Doppler 雷达阵列、一个陆基雨量计和一个自容式的温度链获取系统（Autonomous Temperature Line Acquisition System，ATLAS）。两个水声信号记录仪分别布置在水下 20 m 和 22 m 深度。该实验获取了从 5 月 25 日至 6 月 23 日期间的降雨噪声数据。发表的降雨噪声功率谱如图 1.4 所示，首次在较宽的频带上

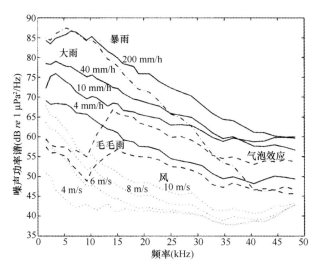

图 1.4　SCSMEX 观测的海面降雨和风产生的功率谱

揭示了海洋中降雨噪声功率谱的基本形状。

　　2004 年 1 月中旬至 4 月中旬，Nystuen 等[5] 为评估降雨噪声的空间平均特性，在希腊海岸西南的爱奥尼亚海（水深超过 3 km）进行降雨噪声的观测。他们在锚链的 60 m、200 m、1 000 m 和 2 000 m 处各挂上一个被动水声记录设备，用于记录降雨噪声。在该观测海域东部约 17 km 处的 Methoni 陆地上有一个离海岸 300 m 的双极化 X 波段岸基雷达（XPOL），用于记录降雨强度和同步检测降雨事件。观测结果表明，在四个接收深度上均能接收到降雨噪声，其噪声功率谱如图 1.5 所示。将雷达监测的降雨事件与水声反演的降雨事件进行比对和检验，结果表明，利用降雨噪声来检测降雨事件相当优秀。而且，不同深度的降雨噪声反映了海面上不同作用面积的降雨现象，体现了不同的空间平均效果。例如，对于 2 000 m 的接收深度，最大的海面采样半径为 3~4 km，意味着降雨

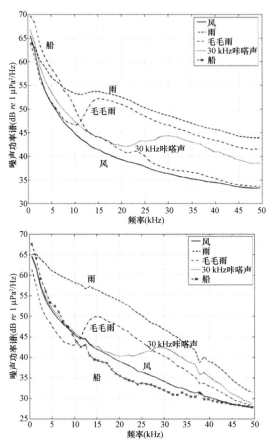

图 1.5　接收深度为 60 m 和接收深度为 1 000 m 的降雨噪声功率谱

噪声的海面接收面积大概可达到 30~50 km²。

2016 年，Ashokan 等[27]分析了 2010 年 10 月在孟加拉湾浅海海域使用垂直水听器阵列自主环境噪声测量系统，获得的飓风期间 30 m 水深处的海洋环境噪声时间序列数据，并对降雨频率、雨滴大小和雨滴数量等参数进行了预测，然后利用印度气象部门的降雨数据对估算的降雨事件进行了验证。

## 1.2.2　国内研究进展

　　水面降雨能够在水中辐射声信号的现象，我国人民早已有所认识，"听雨落池中"正是这种声音效果的一种反映。但是，我国的海洋科学研究起步较晚，到 21 世纪初仍缺乏对该现象的深入了解。2008 年之前，可查到的国内公开发表的海洋降雨噪声实验研究文献很少。2005 年，衣雪娟等[28]观测到大雨和小雨的噪声谱线，结果如图 1.6 所示。事实上，该图仅定性说明是大雨或小雨的特征噪声谱，未定量给出小雨和大雨的降雨强度。

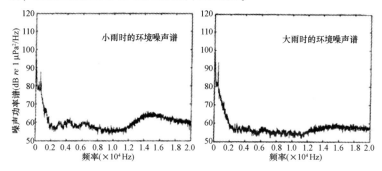

图 1.6　衣雪娟等观测的降雨噪声功率谱

　　2008 年之后，有多位学者相继推进了该项工作。2010 年，国家海洋局第三海洋研究所的杨燕明等[29]在中国声学学会 2010 年全国会员代表大会暨学术会议上阐述了海面降雨引起的水下噪声谱特征研究，之后一些学者还进一步研究了基于雨声谱形状反演水面降雨强度的方法[30,31]。

　　2016 年，刘舒等[32]通过实验测量分析小雨滴、中雨滴、大雨滴、极大雨滴四种不同粒径雨滴的声辐射，从而确定降雨噪声的关键因素是初始冲击声和气泡脉动声，并通过对气泡脉动声进行分类，对其激发机制进行分析，从而研究了初始冲击声辐射和气泡脉动声辐射的特性，然后通过模拟降雨器产生不同粒径及其组合的多雨滴，使用混响法来对雨滴的水下噪声特性进行空间平均测量，给出多雨滴的水下噪声统计特性。

同年，程琳娟等[33]约一年半时间内在中国海洋大学映月湖采集不同降雨量、不同风速下的水下噪声信号，进行谱分析，结果发现，无降雨时，水下噪声谱级随风速的增加而增大；当降雨量小于 6 mm/h 时，相同降雨量条件下，降雨噪声谱级随风速的增加而下降，因为风速的存在降低了雨滴产生气泡的概率；随着降雨量的增加，雨滴产生气泡的直径增大，谱峰向低频移动。此外，通过对噪声谱进行平滑平均，得到了青岛地区降雨量与单一特征频率对应功率谱幅值之间的拟合关系，达到了基于声学方法的青岛地区降雨量量化预测目的。魏永星等[34]使用海洋环境噪声测量潜标系统在某海域进行的 94 d 连续测量海洋环境噪声数据中，获得了部分降雨期间的噪声数据，不过其降雨噪声谱的频带范围偏低，只有 8 000 Hz，并且其降雨资料来源于美国国家环境预报中心再分析资料（空间分辨率为 1°），因此较难深入分析。

到了 2019 年，徐东和李风华[35]利用数值模型和实验数据分析了台风过境前后降雨噪声对水下环境背景噪声的影响，该数值模型是基于简正波理论和降雨噪声的统计分析方法。在没有航船噪声和生物噪声的影响下，环境噪声主要是风成噪声和降雨噪声的总和。通过对海上实验数据的分析，深海水下噪声将会在台风眼壁到达前和离开后的 2 h 受到降雨噪声的影响。在 1~3 kHz 的频带处，台风中的降雨噪声要比风成噪声大 5~6 dB，并且降雨噪声谱的强度随频率的变化比风成噪声谱的变化平缓。

综上，尽管国内研究海洋环境声学的单位不少，各单位的研究侧重点也各不相同，但涉及海上降雨的噪声信号特征与建模研究总体屈指可数。

海洋降雨噪声研究在国内较少开展的主要原因是研究的人员少、难度大、成果少。体现在：

（1）降雨现象是时变和空变的现象——转瞬即逝。尽管在陆地上"司空见惯"，但在广袤的海面上难以捕获，若加上天气预报的不够准确，研究人员即使采用"守株待雨"的战术，也通常是无功而返，客观条件造成了难以获取有效的降雨噪声数据。

（2）受仪器设备的限制。水下声信号的测量设备比其他海洋要素观测设备要求更高——低噪声、低功耗、宽频带、数据存储大容量等。我国早期受经济条件的限制和当时电子技术水平的影响造成水声记录设备落后，特别是带宽较窄、自噪声大、功耗高，不能长时间采集数据等方面。即使到了现代，我国要进行深远海的海洋环境噪声长期观测仍相当困难，而美国等发达国家先后发展了诸如AN/WSQ-6声学浮标、PYLOS 漂流浮标、OTP 平台、ATLAS 锚链系统和 WOTAN 系统等可以用于深远海海洋观测的平台[36]，有助于海上降雨观测的完成。

（3）我国至今缺乏完整的海洋环境噪声的长期观测数据，局部范围的水声实验大都用于声学建模验证，偶尔开展的海洋声学调查一般缺少搭载用于测量降雨的相关设备。与此相反，美国等发达国家可以利用布放在太平洋底的水听器阵列长期观测海洋环境噪声。

（4）实验室模拟自然界降雨较为困难。建立满足声学和雨量要求的人工模拟降雨实验室有较大难度，需要对降雨、声学有长期的研究和数据积累，因此，国际上只有少数实验室有能力进行这项研究。目前，已知开展降雨相关研究的国家仅有美国、日本、加拿大、澳大利亚、英国、德国、丹麦和法国，每个国家虽有 1～2 个模拟人工降雨实验室[37]，但主要目的不是用于降雨噪声研究。

## 1.3 本书研究的主要问题

一是系统分析降雨过程在水中辐射声信号的微观机制，包括单个水滴撞击水面的状态变化、水滴撞击水面后声信号辐射的两种过程及两类声信号的基本特性、实验室水滴辐射的声信号与自然界降雨噪声的差异及影响因素。

二是介绍降雨噪声观测方案的设计、降雨噪声数据提取方法和风速、降雨强度的处理方法。

三是分析统计本书实测的降雨噪声的功率谱特征，包括开展降雨噪声数据与实测气象参数的同步分析、降雨噪声功率谱曲线与空中降雨强度的相关性分析、功率谱曲线类型与降雨强度之间的规律分析等。

四是研究降雨噪声源强度的提取方法，包括分析降雨噪声源强度提取的现状和影响降雨噪声源强度提取的因素，结合水声传播模型推导基于水听器接收的降雨噪声信号提取水面降雨噪声源强度的方法，通过深海和淡水湖两个典型水体环境进行数值仿真，给出这两个实例的降雨噪声源强度校正系数，结合实际观测的数据进行检验等。

# 第2章 海洋环境噪声及水声传播理论

从影响海洋环境背景噪声的角度考虑，海上降雨在水中辐射宽频带、高强度的声信号是一种重要的干扰源。海洋环境噪声也称海洋自然噪声，是水声信道中一种干扰背景场。由于降雨通常是局部的或短时的自然现象，对海洋环境噪声场的贡献相当于一种间歇的地球物理噪声源。

对于接收水听器来说，接收的降雨噪声信号是表面降雨噪声源通过水声信道传播一定距离和深度而获得的。不同的水体环境，降雨噪声源的传播方式不同，导致所接收的降雨噪声波形畸变。众所周知，虽然声波是目前唯一能够在海水介质中进行远距离传播的有效手段[38]，但是，由于海洋介质是非常复杂的声传播信道，受到各种自然条件、地理条件和随机因素的影响，使得在水中传播的降雨噪声信号产生了延迟、失真、损耗、起伏等变化[39]，导致接收到的降雨声信号幅度（或波形）发生了畸变。

以上两个问题涉及海洋环境噪声和水声传播理论，这些理论也是分析降雨噪声及源特性的基础。

## 2.1 海洋环境噪声

人们习惯上认为噪声是一切不需要的声音的总称，但对于水声学中的"噪声"，很难有一个完善而确切的定义。如在被动声呐系统中是将目标的辐射噪声作为有用信号加以检测的[40]。因此，在水声学中对噪声没有一个统一的定义，它的具体内容大致包含海洋环境噪声（ambient noise）、辐射噪声（radiated noise）、自噪声（self-noise）、混响噪声（reverberation noise）及目标噪声（target noise）五种信号类型[41]。获取和掌握这些信号特征对水下进行有效探测和通信至关重要。

　　所谓海洋环境噪声，一般通称为海洋环境所特有的噪声，是除去海洋中那些单个可辨别的噪声源后所剩下的噪声背景。它作为水声信道中的一种干扰背景场，是信号检测中所面对的噪声背景[39]。与舰艇辐射噪声的研究进展相比，目前对海洋环境噪声的了解还远远不够。无论是被动声呐还是主动声呐，海洋环境噪声都是不可避免的干扰。当利用声呐方程预报声呐作用距离时，需要对噪声级做出估计。为使声呐具有良好的抗干扰性能，不仅需要知道平均噪声级，还需充分掌握海洋环境噪声场的时空统计特性，以便找出和利用信号场与噪声场在时空统计特性方面的差异，提高设备的抗干扰能力。所有这些都依赖于对噪声场的深入了解，因此对噪声场的研究与对信号场的研究具有同等的重要性。研究海洋环境噪声，旨在弄清噪声级及其时空统计特性与环境因素之间的依赖关系，找出其规律，并由此做出必要的预报，为水声工程设计提供必要的数据。

## 2.1.1　海洋环境噪声功率谱

　　海洋中各类噪声都是一种随机过程，当噪声测量系统沉放于海洋中，在该系统的水听器输出端上将获得噪声信号波形 $n(t)$。这是一个随机起伏的时间函数。$n(t)$ 的物理意义可以是测量系统水听器输出端的噪声电压 $u(t)$，如果水听器已校准，则 $n(t)$ 也可理解为水听器所在点的噪声声压 $p(t)$ [41]。

　　噪声的基本统计特性主要用两个方面来表征：①噪声的概率密

度函数或概率分布函数；②噪声的相关函数或功率谱。随机过程中可以证明，对一个噪声过程求相关函数 $R(\tau)$，它的傅里叶变换便是噪声功率谱密度或称为功率谱 $S(\omega)$。

海洋环境噪声级（Noise Level，NL）是声呐方程中噪声干扰背景的组成部分，是一个重要环境参数。它常采用无指向性水听器接收的声压信号中在排除其他各种影响因素之后所测得的声压级，即：

$$NL = 10\lg \frac{p_e^2}{p_0^2} = 20\lg \frac{p_e}{p_0} \qquad (2-1)$$

式中，$p_0$ 为参考声压；$p_e$ 为噪声声压有效值。

## 2.1.2　海洋环境噪声源分类

海洋环境噪声的产生因素很多，通常包括潮汐、波浪所引起的压力波和湍流引起的压力脉动，以及地震活动、风动海面、降雨、分子热运动、海洋中生物群体的活动等[42]。根据噪声源的成因，可以将海洋环境噪声源作以下分类[43]。

（1）动力噪声：海洋流体运动所产生的噪声，包括风成、降雨、空化、湍流波浪运动及破碎等。

（2）冰下噪声：冰形成和运动所产生的噪声，与冰层表面的不平整性和海流相互作用有关。

（3）生物噪声：各种海栖动物所产生的噪声。

（4）地震噪声：地壳运动和火山活动以及伴随这些而形成的海啸波等所引起的噪声。

（5）船舶噪声：由船只机械振动或螺旋桨转动所产生的辐射噪声。

（6）工业噪声：由人类活动所引起的噪声。包括岸上和海底技术施工时发出的噪声、港湾及港口的噪声等。

（7）热交换噪声：海洋中水分子进行热交换所产生的噪声。

开阔海域的噪声主要来自动力噪声、生物噪声、船舶噪声等，具体包括海洋湍流、海面波浪、地壳运动、海洋生物、海浪非线性作用以及远处航船等噪声源。在近海、海湾和港口，环境噪声的变化很大。这些地方的噪声源在不同的时间和地点都显著不同：动力噪声（如风和雨）是噪声的主要来源；工业噪声与船舶噪声也是近海海洋噪声的重要来源；远处行船和远处风暴也起一定作用，特别是频率 100 Hz 左右的主要噪声源。总之，在浅海中，某一频率下的噪声主要由四类不同形式的噪声混合而成：①风成噪声；②降雨噪声；③航船及工业噪声；④生物噪声。

## 2.1.3 海洋环境噪声源特性

海洋环境噪声可以覆盖 1~100 kHz 频率范围，是由多种噪声源的组合而产生的，包括航运噪声、风成噪声、降雨噪声、生物噪声、人为爆炸声和分子运动的热噪声等。

目前，最具代表性的谱级曲线当数 Wenz[16] 的研究成果。这条曲线大体可分成互相覆盖的三段：

（1）低频带 1~100 Hz，每倍频程 -8 dB 到 -10 dB 的衰减，主要来源于潮流、涌的压力脉动，大尺度湍流以及远处的风暴、地震等。

（2）10~500 Hz 的频带范围内，这一段谱通常较为平缓，偶尔有极值出现，极值的位置变动较大，一般认为主要来源于远处的航船。

（3）500~25 000 Hz 的频带范围内，噪声功率谱与水面粗糙度有直接关系。而水面粗糙度既包括风浪引起的，也包括由降雨引起。Knudsen 等[12]经过研究指出由海表面风速、海况引起的风生噪声功率谱落在该频带内。在图 1.2 中，Wenz 在同一频带上还大致勾勒出由降雨引起的谱级：呈向上微凸的抛物线形状。但是，图中给出的海面降雨噪声功率谱采用了早期 Franz[15]的错误研究结论。

## 2.2　水声传播环境参数

声波在海水中的传播问题是水声学中的基本研究课题之一。声波在海水中的传播同水文环境参数、海面和海底边界特性、海底声学特性等密切相关。为准确描绘水下声传播特性，需要利用以下相关的海洋环境参数信息[44]：

（1）海水声速剖面及其垂直和水平空间分布；

（2）海面风浪或者海面不平整度分布情况；

（3）海深或者海底地形变化；

（4）海底底质声学特性；

（5）海流分布以及内波活动情况；

（6）黑潮、中尺度涡漩及其活动规律。

影响声传播的海洋水文环境参数在文献［44］中已做了一个较详细的总结，见表 2.1。其中，深海海域最核心的参数就是水体中的声速剖面分布，而在浅海海域，除声速剖面分布外，还包括海面不平整度、海深和海底底质声学特性等。

### 2.2.1　海水的声速剖面

海洋中的声速及其分布是一个重要的物理性质，对于声的传播及声呐设备的性能起着非常重要的作用。影响海水声速值的因素，主要包括海水的温度、盐度和压力。实际海水中声速并不是均匀的，测定海区中某一点声速值不是主要目标，水声学最关心的是海区声

## 表 2.1 影响声传播的海洋水文环境参数

| 分类情况 | | | 主要参数 | 重要性 | 与之相关的声环境特性 |
|---|---|---|---|---|---|
| 水体 | 声速剖面 | 浅海 | 声速垂直和水平分布：<br>①表面声速<br>②温跃层位置和厚度<br>③声速梯度 | 非常重要，实时测量 | 声传播、环境噪声、混响特性 |
| | | 深海 | 声速垂直和水平分布：<br>①表面声速<br>②声道轴位置<br>③表面混合层厚度<br>④声速梯度 | 非常重要，实时测量 | 声传播、环境噪声、混响特性 |
| | 吸收系数 | | 温度、盐度、深度、酸碱度 | 对高频比较重要 | 声传播和环境噪声 |
| | 内波 | | 垂直温度剖面的时间和空间分布，主要集中在温跃层附近 | — | 声传播起伏 |
| 海面 | 风浪及海面粗糙度 | | 风速或者海况 | 一般，实时测量 | 声传播、环境噪声、海面混响 |
| 海底 | 海底地形 | | ①海深及水平分布<br>②显著的海底地貌特征<br>③海底粗糙度 | 非常重要 | 声传播、海底混响 |
| | 海底底质 | | ①底质分类<br>②海底分层结构<br>③沉积层声学特性，包括密度、声速、吸收系数的深度分布 | 重要 | 声传播、海底混响 |

| 分类情况 | | 主要参数 | 重要性 | 与之相关的声环境特性 |
|---|---|---|---|---|
| 洋流 | 黑潮 | 黑潮活动区域、分布宽度和深度、温度和流速 | 重要，实时测量 | 声传播 |
| | 中尺度涡漩 | 涡漩中心位置和移动速度、分布宽度和深度 | 重要，实时测量 | 声传播 |
| | 海洋锋面 | 周边海域典型的海洋锋面位置和分布形式 | 重要，实时测量 | 声传播 |
| | 潮汐；主要海区的海流 | — | 重要，档案数据 | 声传播 |

速的垂直分布结构。大量的实测结果表明，除中尺度和黑潮等水团水平变化较大的海域外，声速在水平方向的变化不十分显著，而随着海深的变化却十分明显。因此，在水声信号的传播研究中，主要对海水介质提出了水平分层的模型，即海水中的声速是深度的函数，而假定在水平面内声速是均匀分布的，这种分层的假定给传播理论研究带来了一定的简化，也就是对实际情况的近似描述。因此，关于海水中声速的分布问题就归结为声速的垂直分布，或者说声速的分布剖面。"声速剖面"就是指声速随深度的变化，它随季节、纬度和周日时间的变化而变化。

典型的深海声速剖面如图 2.1 所示，可分为三个层，紧贴海表面下的是表面层，表面层之下是季节跃变层和主跃层，在主跃层下直至海底，一般是深海等温层，每层具有不同的特征和出现不同的可能性。

图 2.2 给出了世界大洋典型的声速随深度变化情况[45]。其中

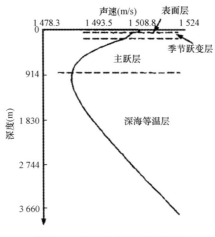

图 2.1 典型的深海声速剖面

曲线 1 是南大洋海域声速变化规律，曲线 2 为北太平洋海域，曲线 3 为南半球太平洋海域，曲线 4 为太平洋近赤道海域及南大西洋海域，曲线 5 为印度洋受红海海流影响的海域，曲线 6 为北大西洋受地中海海流影响海域。可以看出，海面温度越高，声速变化越大。

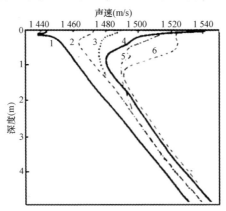

图 2.2 世界大洋中典型的声速随深度变化情况

而浅海的声速剖面结构是极不稳定的，因为浅海靠近海岸，处于大陆架区域，将受到更多的不稳定因素影响，如会受到陆地淡水流的冲刷、潮汐影响和陆地气候的影响，这样导致表面的温度更加不稳定，所以浅海的声速剖面不像深海那样出现"三层结构"。然而从声速剖面结构平均来说，仍然有比较明显的季节特性，在冬季的浅海，典型声速剖面是等温层，或者出现声速的微弱正梯度；夏季则出现跃变层；在冬、春之交时，出现声速的负梯度。图 2.3 是几种典型的浅海声速分布和各自的特性[46]。

以上仅仅是海水声速变化的物理解释，由于海水声速的影响因素很复杂，完全的理论分析是不可能的，其数据通常采用实际观测结果。目前在海上，测量海洋中声速随深度的变化，常用两种方法：①环鸣法，直接测量声信号在固定的已知距离内往返多次传播时间进而得到声速，同时还通过温度及压力传感器测量温度和垂直深度；②利用海水中的声速是温度、盐度和静压力的函数，采用温盐深仪（CTD）等设备测量海水的温度、盐度和压力随深度的变化，进而通过经验公式来计算声速。目前比较精确的经验公式有 Wilson 公式[47]、Chen-Millero 公式[48]和 Del Grosso 公式[49]等。

## 2.2.2　海水的声吸收

海水能够吸收声波的主要原因是水的黏滞性、硫酸镁（$MgSO_4$）和硼酸等溶质的化学弛豫过程。由于声吸收，声音的强度随距离的增大按指数规律减弱，每传播单位距离所减小的分贝数称为声吸收系数，单位为 dB/km。

| 声速 $c$ 的分布 | 声速分布函数 | 特点说明 |
|---|---|---|
| 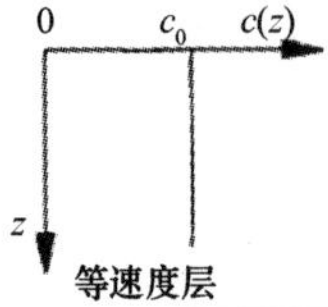 等速度层 | $c(z) = c_0$ | 等速度层，是由微弱负温度梯层、同压力构成 $$\frac{dc}{dz} = 0$$ |
| 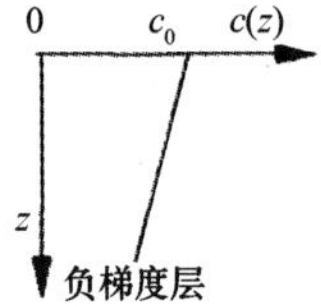 负梯度层 | $c(z) = c_0 - gz$ $g = \left\| \dfrac{dc}{dz} \right\|$ | 负梯度层，声速随深度增加而下降 $$\frac{dc}{dz} < 0$$ |
| 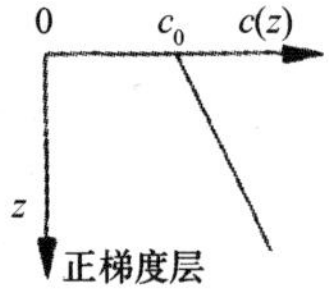 正梯度层 | $c(z) = c_0 + gz$ $g = \left\| \dfrac{dc}{dz} \right\|$ | 正梯度层，声速随深度增加而增加 $$\frac{dc}{dz} > 0$$ |
| 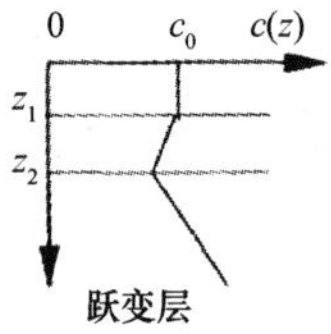 跃变层 | $c(z) = $ $\begin{cases} c_0 & z < z_1 \\ c_0 - g_1(z - z_1) & z_1 < z < z_2 \\ c_0 - g_1(z_2 - z_1) \\ \quad + g_2(z - z_2) & z_2 < z \end{cases}$ | 跃变层又称温跃层，在层内声速发生急剧变化 |
| 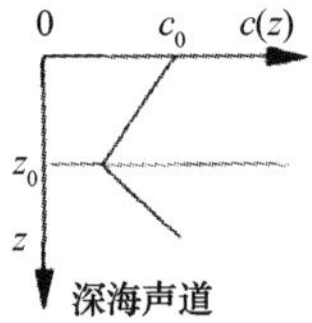 深海声道 | $c(z) = \begin{cases} c_0 - g_1 z & z < z_0 \\ c_0 - g_1(z_2 - z_1) \\ \quad + g_2(z - z_2) & z > z_0 \end{cases}$ | 声速在 $z_0$ 处有最小值，极小值处的层称为声道轴。声道轴以下声速为正梯度，声道轴以上声速为负梯度 |
| 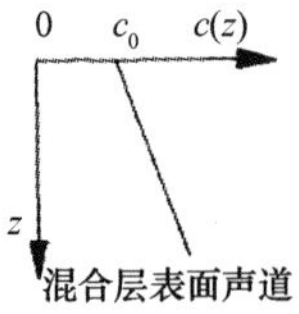 混合层表面声道 | $c(z) = c_0 + gz$ | 混合层由等温层、压力正梯度形成。声速正梯度层由于声速极小值在表面，故称为表面声道或混合层声道 |

图 2.3　几种典型的浅海声速分布和特性

　　海水的声吸收系数同声波的频率及海水的温度、盐度和静压力等有关。声波的频率越低，吸收系数越小。频率高于 1 000 kHz 时，海水的声吸收系数与淡水相同，表现为水的黏滞性所引起的声吸收；但当频率低于 1 000 kHz 时，海水的声吸收系数大于或远大于淡水，如图 2.4 所示。在几千赫兹到几百千赫兹的频带内，海水声吸收主要由硫酸镁引起，而在低于 1 kHz 时，主要由硼酸引起。对频率更低的声波而言，声在海水中的衰减是由于湍流引起的声散射所造成的。

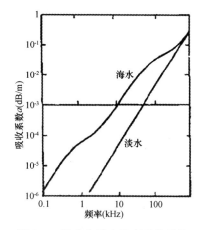

图 2.4　海水和淡水的声吸收系数

## 2.2.3　海底的声学性质

　　海底是海洋的反射和散射边界，就其声学性质来说，海底结构、地形和沉积层是影响声波传播的重要因素。海底通过以下方面影响着水声传播[50]：

　　（1）前向散射和反射损失（海底的折射会使得情况变为更

27

复杂）；

  （2）干涉和频率效应；

  （3）沉积物造成的衰减；

  （4）后向散射和海底混响。

  其中，Urick[8]对海底引起的声反射和散射做了全面总结。结果表明，海底声波反射系数与海底地形有明显的依赖关系，对于高于几千赫兹的声波，海底粗糙度是影响声波反射的主要作用。声波通过沉积层传播，既能被其底层反射回水中，也能被沉积层中大的声速梯度折射回水中。沉积层的物理性质对海中声传播的影响是水声工作者所关心的问题。

  海底反射损失是海底沉积层的重要物理量，是水声环境仿真分析与声呐性能预报的重要环境参数，它被定义为海底反射声振幅相对于入射声振幅减小的分贝数。决定反射损失的三个海底参数是海底的密度、声速和衰减系数，如果海底是沉积物质，则这些量与沉积物的孔隙度有关。图 2.5 是根据深海实测到的海底反射损失的平均值，掠射角的数据是实验值的外推[7]。

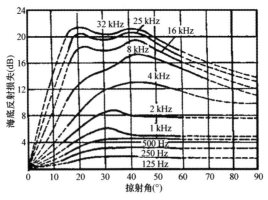

图 2.5　海底反射损失实测值随掠射角的变化

要精确模拟海洋中声传播，需要知道完整的海底沉积物声学特性参数，包括随水平位置和深度变化的密度、压缩波速、压缩波吸收系数、剪切波速、剪切波吸收系数等，这显然是难以实现的。近似的处理方法是由稀疏的海底底质采样测量结果经内插或外插得出一定面积范围内海底声学有关参数，或由仔细布设的声传播实验测量结果反推出等效的海底声学参数。

海底沉积物特性随地理位置不同而不同，在垂直深度方向也存在变化。深层沉积物由于取样困难，其声学有关特性参数的报道相对较少。但大多数地区的海底是分层介质的海底结构。

图 2.6 给出典型的海底底质分层结构情况[45]。由图中可以看出，水层之下首先是泥、细砂和火山灰等物质形成的含水量较大的一层，多数情况下密度在 1.2~1.6 g/cm³ 内，声速在 1 520~1 540 m/s 内，且声速与密度均随深度的增加而逐渐增大，这一层通常厚度不太大。在该层下面为较坚实的泥、粗砂和砾石等形成的另一层，其密度为 2.6~2.7 g/cm³，声速为 1 620~1 650 m/s，声速随深度的增大而逐渐增加。更深的为岩石层，其密度约 2.6 g/cm³，声速约为 5 700 m/s。

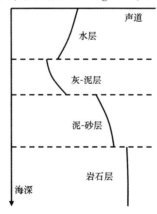

图 2.6　典型的海底底质分层结构

已有大量文献讨论海底沉积层特性，其中最重要的当属 Hamilton[51] 的文章。他的大部分结果来源于对海底表层（通常 30 cm 内）的沉积物的测量分析。实测数据表明，大部分浅海大陆架属于高声速海底（即 $C_{底}>C_{水}$），而大部分深海沉积层属于低声速海底（即 $C_{底}<C_{水}$）。表 2.2 列出了与大陆架和大陆坡沉积物声学有关的特性参数。

表 2.2　与声学有关的大陆架和大陆坡沉积物的特性参数

| 沉积物类型 | 密度（g/cm³） | 声速（m/s） | 孔隙度（%） | 吸收系数（dB/m） |
|---|---|---|---|---|
| 粗砂 | 2.023 | 1 836 | 38.6 | 0.479 |
| 细砂 | 1.957 | 1 753 | 45.6 | 0.510 |
| 极细砂 | 1.866 | 1 697 | 50.0 | 0.673 |
| 粉砂质砂（泥） | 1.806 | 1 668 | 55.3 | 0.692 |
| 砂质粉砂（砂泥） | 1.787 | 1 664 | 54.1 | 0.756 |
| 粉砂（泥） | 1.767 | 1 623 | 56.3 | 0.673 |
| 砂-粉砂-黏土（砂泥-黏土） | 1.583 | 1 580 | 66.3 | 0.113 |
| 黏土质粉砂（黏泥） | 1.469 | 1 546 | 71.6 | 0.095 |
| 粉砂质黏土（泥质黏土） | 1.421 | 1 520 | 75.9 | 0.078 |

## 2.2.4　海面风浪对水声传播的影响

海面作为水下声波导的上边界，由于水介质和空气介质声阻抗的显著差异，平整的海面边界一般近似地认为是理想的绝对软反射边界，即反射系数 $V = -1$。实际上，海面上很少有风平浪静的时

候，故海表面的风浪状况是影响水下声传播的又一个重要环境因素。海浪谱 $S(\omega)$ 表示为

$$S(\omega) = \frac{1.2}{\omega^6}\exp\left[-\frac{2g^2}{\omega^2 u^2}\right] \qquad (2-2)$$

式中，$g$ 为重力加速度；$u$ 为风速；$\omega$ 为波浪的倾角。海面波浪除用海浪谱描述外，有时也使用较为方便的简单参数来描述，如波高或者海况，而对于充分成长的风浪、波高和海况，都与风速有关[52]。在水声学研究当中，有时便使用这些参数作为环境参数，例如 Knudsen 海洋环境噪声级。

在声场分析中，海面风浪的影响通常采用海面随机位移 $\xi$ 来描述，其均方值 $\delta = <\xi^2>^{1/2}$ 是具体用到的统计参量，它与海洋学中经常使用的平均波高 $<H>$ 以及有效波高 $H_{1/3}$ 的关系为

$$\delta = H_{1/3} = (2\pi)^{1/2} <H> \qquad (2-3)$$

式中，波高 $H$ 为波峰到波谷的差值。这样海面风浪对声传播的影响可以通过修正后的经验反射系数来描述

$$R = -e^{0.5\Gamma^2} \qquad (2-4)$$

式中，$\Gamma = 2k\delta\sin\theta$，也称 Rayleigh 粗糙度参数；$k$ 和 $\theta$ 分别为声波波数和海面掠射角。从式（2-4）可以看出，对于同样的波浪高度，高频声波的反射损失较大，对于低频声波，反射损失较小。可以理解为，低频声波波长的增加使得粗糙海面相对变得平坦。在几百赫兹到几千赫兹的频带内，声波在海面的平均反射损失值一般很小。

## 2.3　声传播损失及模型

### 2.3.1　海洋中的传播损失

声波在水中传播过程中由于波阵面的扩展、介质的吸收及不均

匀散射等而产生很大的能量损失，称为传播损失，它是度量声源到远处接收机之间声强衰减大小的一个物理量，是表征水声信道传播特性的重要参量之一。

传播损失 $TL$ 定义为

$$TL = 10\lg\frac{I_0}{I_r} \qquad (2-5)$$

式中，$I_0$ 为距离声源中心 1 m 远处的声强；$I_r$ 为接收机处的声强。

声强衰减主要由四个原因引起[50]：①扩展损失，由于声波波阵面在传播过程中不断扩展引起的声强衰减；②边界损失，声波触及海底或海面时产生的声散射和声吸收衰减；③吸收损失，通常指在均匀介质中，由于介质黏滞、热传导以及其他弛豫过程引起的声吸收衰减；④散射，海洋介质中，存在泥沙、气泡、浮游生物等悬浮粒子以及介质不均匀性，引起声散射和声强吸收衰减。

### 2.3.2 基本的声传播模型

水声建模的工作就是建立适合需要的水声传播、噪声和混响（对应于主动声场处理）模型。其中声传播模型构成了基本声学模型中各类模型的基础，是最通用和数量最多的一类水声模型，而构成所有水声传播模型的数学理论基础是波动方程。波动方程是从更基本的状态方程、连续方程和运动方程推导出的[50]。波动方程的精确形式随着基本假设和具体应用场合的不同有很大不同。对于大多数的应用，通常都采用简化的与时间有关的双曲型二阶线性偏微分方程：

$$\nabla^2\Phi = \frac{1}{c^2}\frac{\partial^2\Phi}{\partial t^2} \qquad (2-6)$$

式中，$\nabla^2$ 为拉普拉斯算子；$\Phi$ 为势函数；$c$ 为声速；$t$ 为时间。

为了求得与时间无关的波动方程，进一步简化，引入简谐解（单频连续波解）。即假定势函数 $\Phi$ 的简谐解为

$$\Phi = \varphi \mathrm{e}^{-j\omega t} \qquad (2-7)$$

式中，$\varphi$ 为与时间无关的势函数；$\omega = 2\pi f$ 为声源频率。波动方程（2-6）可简化成亥姆霍兹方程（Helmholtz Equation）

$$\nabla^2 \varphi + k^2 \varphi = 0 \qquad (2-8)$$

式中，$k = \omega/c = 2\pi/\lambda$ 为波数；$\lambda$ 为波长。在柱坐标系下，方程（2-8）可改写为

$$\frac{\partial^2 \varphi}{\partial r^2} + \frac{1}{r} \frac{\partial \varphi}{\partial r} + \frac{\partial^2 \varphi}{\partial z^2} + k^2(z)\varphi = 0 \qquad (2-9)$$

方程（2-8）也被称作与时间无关的（或频域的）波动方程，方程（2-9）通常被称作为简化的椭圆型波动方程。

有多种理论方法适合于解亥姆霍兹方程。目前，典型的解法有五种，分别为射线理论、简正波、多路径展开、快速声场和抛物方程法。在这五种理论方法的推导过程中，势函数 $\varphi$ 一般代表声压。在此种情况下，声传播损失 $TL$ 用以下公式计算：

$$TL = 10\lg |\varphi^2|^{-1} = -20\lg |\varphi| \qquad (2-10)$$

如果考虑到相位，所得到的传播损失称为相干传播损失，若不考虑相位差，则称为非相干传播损失。

## 2.3.3　声传播模型的分类

虽然声传播模型可以按照五种不同的理论方法进行分类，但因各种理论相互存在交叉，要进行严格分类很困难，结果是分类越详细，出现相互交叉就越多。例如，这五类理论方法，还可以进一步细分为与距离无关的类型和与距离有关的类型。与距离无关，意味

着假定了模型对环境是圆柱对称的（即海洋环境是水平分层的，它的特性仅随深度变化）。与距离有关是指海洋介质的某些特性除与深度（$z$）有关外，还与相对接收器的距离（$r$）和方位（$\theta$）有关。这种随距离变化的特性通常包括声速和海深。对距离的依赖性还可进一步分为在距离和深度上有变化的二维（2D）情况，或在距离、深度和方位上有变化的三维（3D）情况。显然，以上的这些分类因素也确定了模型的"适用范围"。

Jensen[53]提出了一种十分有用的分类方案，见图2.7。这一方案可使对现有建模方法及其适用范围的判决逻辑最佳化。

| 模型类别 | 应用 | | | | | | | |
|---|---|---|---|---|---|---|---|---|
| | 浅海 | | | | 深海 | | | |
| | 低频 | | 高频 | | 低频 | | 高频 | |
| | RI | RD | RI | RD | RI | RD | RI | RD |
| 射线理论 | ○ | ○ | ◐ | ● | ◐ | ◐ | ● | ● |
| 简正波 | ● | ◐ | ● | ◐ | ● | ◐ | ◐ | ○ |
| 多路径展开 | ○ | ○ | ◐ | ○ | ◐ | ○ | ● | ○ |
| 快速声场 | ● | ○ | ● | ○ | ● | ○ | ◐ | ○ |
| 抛物型方程 | ◐ | ● | ○ | ○ | ◐ | ● | ◐ | ◐ |

低频(<500 Hz) RL：与距离无关的环境
高频(>500 Hz) RD：与距离有关的环境

● 表示模拟方法既在物理上是适用的，也在计算上是可行的
◐ 表示在精度上或在执行速度上有局限性
○ 表示既不适用也不可行

图 2.7 水声传播模型的适用范围

这里对图 2.7 的分类结构作了如下假设和条件：

（1）浅海是指声与海底有强交互作用的水深。

（2）低频和高频以 500 Hz 为界限。虽然 500 Hz 的界限频率多

少有点任意性，但它的确反映了这样一个事实，即在 500 Hz 以上，许多波动理论模型在计算上都显得非常紧张，而在 500 Hz 以下，某些射线理论模型因其限制性假设在物理上可能变得有问题。

五种理论方法都是从最基本的波动方程出发，经过不同的近似得来的。由于各个的侧重点和理论基础各不相同，因此需要我们了解不同方法的特点，根据不同的情况选择不同的方法，这样才可以比较准确地反映出实际问题中声传播规律。以下简要介绍射线理论、简正波理论和抛物方程理论知识，其他的理论模型（如多路径展开、快速声场变换等）可参考相应的书籍[49]。

## 2.3.4　射线理论

射线理论通过声线轨迹来计算传播损失。射线理论起始于亥姆霍兹方程。假定 $\varphi$ 的解是声压幅度函数 $A = A(x, y, z)$ 和相位函数 $P = P(x, y, z)$ 的乘积，即 $\varphi = Ae^{iP}$，$P$ 通常称为程函，将这个解代入亥姆霍兹方程，并将实部和虚部分开，得到

$$\frac{1}{A} \nabla^2 A - [\nabla P]^2 + k^2 = 0 \qquad (2-11)$$

和

$$2[\nabla A \cdot \nabla P] + A \nabla^2 P = 0 \qquad (2-12)$$

方程（2-11）确定声线的几何形状。方程（2-12）称为传输方程，它包含虚部项，确定声波的振幅。这种函数分离是基于一个假设，即振幅随位置的变化远慢于相位随位置的变化。几何声学近似的条件是：在一个波长内，声速梯度的相对变化比梯度 $c/\lambda$ 小，这里 $c$ 是声速，$\lambda$ 是波长。具体地说，

$$\frac{1}{A} \nabla^2 A << k^2 \qquad (2-13)$$

即在一个波长内，声速不能有太大变化。在这种近似条件下，方程（2-11）简化成

$$[\nabla P]^2 = k^2 \qquad (2-14)$$

方程（2-14）称作程函方程。等相位面（$P=$const）即为波阵面，波阵面的法线即为声线。程函把声路径长度表示成路径两端点的函数，当两端点在声源和接收器位置时，这样的声线称为本征声线。声线微分方程可从程函方程导出。

几何声学近似限制了射线理论方法只适用于高频域，文献[54]给出了判断高频近似的指导，即

$$f > 10\frac{c}{H} \qquad (2-15)$$

式中，$f$ 为频率；$H$ 为波导深度；$c$ 为声速。

早期的射线理论计算结果存在声影区及焦散线，声影区里没有声线通过，因此声压场等于零，而焦散线上声线管的横截面积为零，因而预报的强度为无限大。为了避免射线理论的这些缺点，引入了基于高斯束射线跟踪的 Bellhop 模型方法[55]。

高斯束射线跟踪法把声束内的每根声线与垂直于该声线的高斯型强度剖面联系起来，只要对决定声束宽度和曲率的两个微分方程与标准射线方程一起进行积分，就可以计算出声束内中心声线附近的声束场。高斯波束技术不局限于水平分层介质，也适合于处理声源具有一定指向性的情况。而且，这一技术对于与距离有关的高频应用很有吸收力，因为在这种场合下，应用波动理论不太实际。目前，它的应用限制主要是"一致性"不太好，误差随传播距离的增加而累积增加。射线理论是建立在高频基础上，只有当介质折射率在波长尺度的空间范围内变化甚小时才能给出可用的结果，因此射线理论适用于分析高频声的传播问题，根据不同频率做适当的衍射

修正，射线理论可以扩展到较低频的声传播问题。

## 2.3.5 简正波理论

简正波解是由波动方程的积分表达式求出的，但为求得实际解，一般要假设分层介质是圆柱对称的（即环境特征变化只承受深度变化）。然后，在柱坐标中，方程（2-9）中的势函数 $\varphi$ 的解就能写成深度函数 $F(z)$ 和距离 $S(r)$ 函数的乘积。

$$\varphi = F(z)S(r) \qquad (2-16)$$

然后，用 $\xi^2$ 作为分离常数对变量进行分离，得到以下两个方程：

$$\frac{\mathrm{d}^2 F}{\mathrm{d}z^2} + (k^2 - \xi^2)F = 0 \qquad (2-17)$$

$$\frac{\mathrm{d}^2 S}{\mathrm{d}r^2} + \frac{1}{r}\frac{\mathrm{d}S}{\mathrm{d}r} + \xi^2 S = 0 \qquad (2-18)$$

方程（2-17）是深度方程，即著名的简正波方程，它描述方程解的驻波部分；方程（2-18）是距离方程，它描述方程解的行波部分。于是，每一个简正波，从水平（$r$）方向看是一个行波，从深度（$z$）方向看是一个驻波。

方程（2-17）形成本征值问题，它的解称为格林函数。方程（2-18）是零阶贝塞尔方程，它的解可写成零阶汉克尔函数 $[H_0^{(1)}]$。如假定声源为单色（单频）点源，则 $\varphi$ 的通解可用无限积分表示：

$$\varphi = \int_{-\infty}^{\infty} G(z, z_0, \xi) \cdot H_0^{(1)}(\xi r) \cdot \xi \mathrm{d}\xi \qquad (2-19)$$

式中，$G$ 为格林函数；$z_0$ 为声源深度；注意 $\varphi$ 为声源深度（$z_0$）和接收器深度（$z$）的函数。

为求得波动方程的简正波解，可用归一化的本征函数展开格林函数，本征值就是所得到的分离常数的值，用 $\xi_n$ 表示。这些本征值是一组离散的值，对于这些值，本征函数 $u_n$ 有解，于是，方程（2-17）的无限积分可由曲线积分计算：

$$\varphi = \oint \sum \frac{u_n(z) \cdot u_n(z_0)}{\xi^2 - \xi_n^2} H_0^{(1)}(\xi r) \cdot \xi d\xi + 分支 - 割线积分$$

$$(2 - 20)$$

围线积分代表被限制在海水中的传播模式，分支-割线积分表示连续谱模式，它表示经海底传播而受到强烈衰减的那些模式。分支-割线积分描述的是近场情况，在射线理论中，它对应那些大于临界角的角度触及海底的声线，因此，分支-割线积分的贡献通常忽略不计，特别是当声源和接收器的水平间距大于几个海水深度时。对于使用海底阻抗边界条件的声传播问题，实际解由三个谱区间组成：连续谱、离散谱和无穷小谱。无穷小谱与表面波有关，它在边界呈指数衰减。

相比于射线理论方法，简正波解有一个优点：在给定频率和声源深度的情况下，能很容易地计算出所有可能的接收器深度和距离的传播损失。但对于射线模型，只要声源深度或接收器深度有变化，它就要重新计算一次。

简正波的缺点是需要知道海底结构的情况。为了有效地使用这类模型，一般需知道不同沉积层的密度、切变波速和压缩波速。

按照以上介绍，简正波模型建立在与距离无关的假设基础上。要把简正波模型扩展成与距离有关的模型，有"模式耦合"和"绝热近似"两种方法。模式耦合考虑从一个给定模式到其他模式的能量散射。绝热近似假定在环境随距离逐渐变化的条件下，给定

38

的模式的能量完全转移到新环境的相应模式中。

出于实际数值计算的考虑（而不是内在物理机制的任何限制），简正波方法倾向于 500 Hz 以下的声波频率限制。具体地说，频率增高时，为了可靠地预报传播损失，需要计算的模式数量也要随频率成正比地增加，如果对海洋环境的复杂性引入某些简化的假设，上限频率可以达到几千赫兹[56]。

目前可以得到的利用简正波理论的声传播数值模型，不论是与距离无关的还是与距离有关的有几十种之多，然而，这些模型都有各自的局限性，远未达到"计算速度快、适用范围广"的要求。

## 2.3.6　抛物方程理论

抛物方程法（Parabolic Equation，PE）是用抛物方程代替简化的椭圆型波动方程，它假定声能的传播速度接近于一个参考速度。根据适用场合的不同，参考速度可以是切变波速，也可以是压缩波速[57]。

PE 方法通过对算子的分解，获得一个辐射波方程，当赋予距离初值时，该方程的求解非常有效。当海洋环境与距离无关时，因式分解是准确的。在不考虑反向散射的情况下，距离有关的海洋介质可以近似成一系列距离无关的区域系列，然后使用能量守恒和单散射修正，产生辐射场。以下给出抛物型波动方程，其具体推导参考相关书籍。

$$\frac{\partial^2 u}{\partial r^2} + 2ik_0 \frac{\partial u}{\partial r} + \frac{\partial^2 u}{\partial z^2} + \frac{1}{r^2} \frac{\partial^2 u}{\partial \theta^2} + k_0^2 [n^2(r,\theta,z) - 1]u = 0$$

$$(2 - 21)$$

式中，$n$ 为深度 $z$、距离 $r$ 和方位角 $\theta$ 的函数。在初始场已知的情况下，通过"分裂步进解法"可求得该方程的数值解[58]。

抛物型近似在计算上的好处在于，抛物型微分方程在距离坐标上可被向前推进，而椭圆型简化的波动方程必须在整个距离-深度范围内同时进行数值求解。当然，Tappert[58]开始提出的分段步进PE模型，因受基本的近轴假设的限定，只能处理小角度（≤15°）的传播途径。对于大角度的传播，人们探索了改变平方根算子的形式，包括高阶Pade形式在内的其他平方根算子的近似方法、综合运用有限差分方法和有限元PE公式，获得了接近90°的半波束传播。

PE近似方法在水声中发展非常迅速，并逐步被用来解决实际的传播问题和解释一些海洋中的现象，如进行声场预报和研究内波规律等。原则上PE方法只适用于远场，同时要求海洋环境参数水平缓变，另外，PE方法在频率上虽然没什么要求，但在实用上，为了保证一定的精度，要求$z$、$r$和$\theta$方向上的步长远小于声波的波长（通过一些特殊算法的应用，如有限差分中的四阶差分算子的引入等方法，可以适当扩大步长）。然而，随着频率的增加，声波波长迅速减小，$z$、$r$和$\theta$方向上的步长必须相应地减小，节点的数目迅速增加，引起计算量的急剧增加。因此，PE方法在实用上只能用来处理较低频率的问题。在处理海洋环境随距离变化的传播问题时，PE方法较射线方法速度慢，但在精度上远高于射线方法；而在保证相同精度的情况下，PE方法的速度较简正波方法要快得多。因此，在求解低频声波在海洋环境随距离变化的声传播问题上，PE方法有其独特的优越性。

在数值计算方面，现有抛物方程模型使用了四种基本的数值技术：①分裂-步进傅里叶算法；②隐式有限差分（IFD）；③常微分方程（ODE）；④有限元方法（FE）。每一种方法都具有其提出的背景和优缺点。目前，可以得到的利用PE方法的声传播数值模型也有几十种之多。

## 2.4　本章小结

　　研究降雨噪声特性涉及两方面：海面降雨噪声源及其在不同水体环境中的传输衰减过程。这两方面分别涉及海洋环境噪声和水声传播理论，因此，本章对海洋环境噪声、水声传播环境参数和传播数值模型等内容做了简要回顾。

　　本章首先综述了海洋环境噪声源的分类与特性；其次，分析了与水声传播过程密切相关的海洋环境参数及主要海洋环境参数对水声传播的影响；第三，从数值模型的角度出发，介绍了声传播模型的几种主要类型，重点指出各数值模型的适用范围，为后续章节的应用与分析研究提供理论基础和应用方法。

# 第 3 章　降雨辐射声信号的机理

降雨落至水面并在水中辐射噪声信号是个复杂的物理变化过程，同时伴随着能量的转换。通常，从空中落下雨滴到水中噪声信号的产生，至少经历三个不同的物理状态：一是雨滴从空气中降落到气、水界面上方；二是雨滴从气、水界面上方进入水中；三是在水中辐射出噪声信号。第一个状态相对简单，第二个状态最复杂，第三个状态主要是能量的转化过程。前两个状态虽不是本书的研究内容，但考虑到完整性，便于理解降雨噪声的产生机制，本书仍作简要介绍。

## 3.1　水滴撞击水面的状态变化

水滴撞击水面的现象十分复杂，早在一个世纪前就已受到人们的关注。"A study of splashes"一书的作者 Worthington[11]累计花费14年实验观测，才揭示了许多单个水滴撞击自由水表面的细节，包括以下几个特征。

撞击空腔（impact crater）：当水滴撞击自由水面时，自由水面变形并形成一个类似半球状的空腔。当水滴撞击深度继续增加时，空腔的大小逐渐增大。随后，水滴逐渐扩展变形，附近的水逐渐注入空腔内。

冠状体（crown）：水滴撞击自由水面之后，水滴中的水进入撞击空腔内部，空腔的环状边沿由于原自由水面的水流的不稳定性导致一些细小水珠的形成，因此直观上像皇冠，故称为冠状体水珠。

反弹喷射（rebound jet）：一旦水滴的撞击深度达到最大，撞击空腔的表面张力会使空腔变宽且其中心位置的水滴加速向上反弹。如果水滴初始撞击有足够的冲量，注入空腔内的水滴就会以单个水柱的形式向上推挤，被称为反弹喷射。该喷射的水柱在回落到水表面之前就会破碎成一个或多个不等的水珠。喷射过程也被称为水滴飞溅（splash）。

Prosperetti and Oguz[59]通过高速拍摄水滴落至水面的图片形象地展示了 Worthington 所描述的水滴撞击水面的变化过程（图 3.1）。利用拍摄技巧再现水滴落至水面的"皇冠"效果见图 3.2。

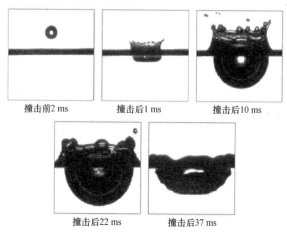

撞击前2 ms　　撞击后1 ms　　撞击后10 ms

撞击后22 ms　　撞击后37 ms

图 3.1　水滴撞击水面的状态变化过程

遗憾的是，Worthington 遗漏了水滴撞击水面时的另一重要现象——气泡的产生。研究表明，当水滴落至自由水面时，气泡的产生现象并不总是存在，只有在适当条件下才可能出现。

那么，水滴在撞击自由水面后如何产生气泡呢？Prosperetti 和

图 3.2  水滴落至水面的 "皇冠" 图

Qguz[59]率先采用数值仿真技术分析了水滴撞击水面的气泡产生过程：水滴撞击在自由水面时，除了会在水中形成空腔外，空气也会被夹带入水。由于水滴向下运动的冲量足够大，以至于空腔底部在闭合之前，其边沿的剪切应力无法翻转水滴的向下运动，进而形成夹带气泡。仿真结果同样表明：水滴撞击自由水面能产生气泡的前提是它必须满足相应的终端速度、水滴粒径分布等条件。

Elmore 等[60]在实验室内开展了可控的水滴观测实验。与以往不同的是，这次观测从实验角度观察到水滴撞击水面时会产生气泡的现象。撞击实验设置如图 3.3 所示。观测前首先利用注射器产生水滴，并在连接注射器的自来水管中将水染成蓝色，以便区分接收水滴的容器中的清水。装有 3/4 清水的容器由长方体玻璃组成，以便利用高速摄像机（最高可达 5 000 帧/s）拍摄池中水体的变化细节。Elmore 等观测的典型气泡的形成过程见图 3.4。观测结果表明，水滴撞击自由水面的过程与 Prosperetti 和 Qguz 的仿真结果基本一致，即当水滴撞击水面后，由于冲力向下挤压至一定深度形成一球面或锥面的空腔，形成夹带气泡。所不同的是，当空腔达到一定深度时，冲力与水中浮力互相抵消，随后开始反弹。在反弹的过程中还可能产生反弹喷射，即水珠的飞溅过程。

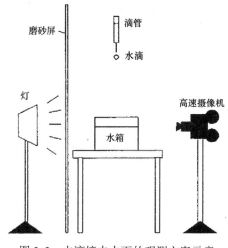

图 3.3　水滴撞击水面的观测方案示意

## 3.2　水滴撞击水面的声辐射过程

水滴落至水面之后通常会在水中辐射声波。虽然这种现象在日常生活中很常见，但声辐射的机制却相当模糊，这是因为，声辐射过程在时间尺度和空间尺度上均十分微小，导致一般的实验过程难以观察到。利用计算机的数值仿真虽然可以较好地理解水滴撞击水面的声辐射过程，但由于声波的产生和气-液界面涉及两相流体的影响，其仿真技术较为复杂，难以模拟出真实的场景。

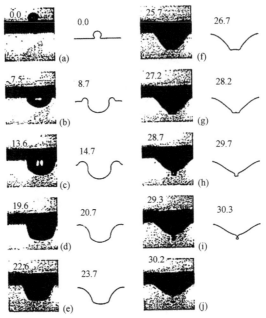

图 3.4  水滴撞击自由水面时夹带气泡的实验观测结果

不透明的黑颜色部分表示水介质，白颜色表示空气介质。落至水面时的水滴
直径 $D=$（1.29±0.03）mm，撞击水面时的速度 $U=$（1.95±0.06）m/s，图中
标注的数值表示无量纲的时间 $t^*=Ut/D$

## 3.2.1  实验观测结果

为了解声辐射机制，早期通常考虑采用实验观测的方法。
Richardson[61]就已仔细观测来自空气中球状的水滴在自由水面低速
飞溅时产生的声波。他发现，在水滴撞击水面之后，会出现一个具
有较低幅度的高频阻尼振荡波形。他把这种现象与撞击后形成的水
滴空腔的振动相联系，认为大部分声波是由闭合的空腔共振产生，

因此将这种波形归因于撞击后球形水滴的振动。

Franz[15]首次建立了对来自空气中的单个水滴降落至水面上产生声波的实验。他通过高速摄像给出瞬态的运动图像,发现当水滴垂直撞击水面时获得了远场声波（图 3.5）。结果表明,水滴撞击水面后,通常会出现两类波形。首先,初始的撞击总是产生一个峰值脉冲;其次,在峰值脉冲之后,水中的空腔闭合形成气泡,而气泡的振荡辐射声波。气泡在自由水面上振荡构成一对偶极子声源,产生的波形是典型的有阻尼的正弦波。Franz 还观察到,当气泡上浮到自由表面时,破裂也可以产生声波。因为存在表面张力的作用,气泡内的压力较高,当气泡破裂时,将向水中和空中同时辐射声波,后两种现象统称为气泡声。

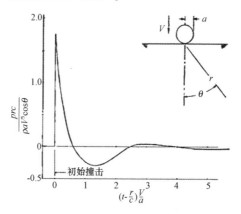

图 3.5 水滴垂直撞击水面在水中远场产生的脉冲波形

Franz 还发现,不同粒径的水滴撞击自由水面产生的脉冲波形基本一致,并且可以重现,而产生的正弦波形（气泡声）在频率和幅度上则存在某种不确定性,因为气泡的存在与否和表面张力的微小变化、水滴的形状及大小、撞击水面时入射角度、撞击速度、水的密度与其他声学属性等均有关，所有这些情况还影响水滴的二次飞溅。在强度方面，他观察到气泡声的强度比撞击声的强度小得多，因此他认为，从声信号波形的总能量来看，气泡声的重要性相对较低。事实上，Prosperetti 和 Qguz[59] 研究表明，气泡声所占的比重更大，因此，Franz 的这个结论是错误的，原因在于其建立的实验所产生的水滴粒径均较大（通常都高于 2 mm）。

20 世纪 80 年代至 21 世纪初，伴随着电子和高速摄像机技术的发展，许多学者在实验室重新构建了水滴撞击水面的实验，以观察水滴撞击水面产生声波的细节，希望通过人工降雨实验在可控条件下观测降雨噪声事件。

Pumphrey 等[22]、Pumphrey 和 Crum[23] 通过建立实验重新确认了水滴撞击水面辐射声波的两个重要过程。其拍摄的声辐射过程如图 3.6 所示，其中，水滴的直径 $D = 3.8$ mm，撞击水面时的速度 $U = 1.5$ m/s，总的持续时间 32 ms。水滴的初始撞击波形发生在图 3.6（a）中，而气泡共振波形发生在图 3.6（e）和图 3.6（f）中，起始于气泡分离的时刻。

Laville 等[24] 根据上述观测结果，绘制了水滴落至水面时辐射的波形示意图，如图 3.7 所示。图 3.7（a）展示了水滴降落至自由水面上的五个阶段，并在其中两个阶段辐射出声波；图 3.7（b）给出两个声辐射阶段的波形图，典型的撞击声信号是一个尖脉冲，而气泡共振声是周期较长的衰减的正弦波。

气泡共振是如何辐射声波的呢？在气泡的产生过程中，气泡内部的压力和周围的水压不平衡，水挤压气泡并压缩气泡，随着气泡的收缩，陷入其中的空气压力增加。该过程迅速发生，导致气泡内的压力比水的压力大，气泡膨胀以实现压力平衡，然后像钟摆一样多次平衡。气泡在高低压之间以高频方式进行振荡，产生不同频率

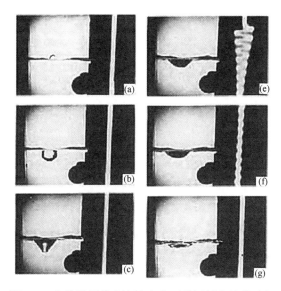

图 3.6　直接拍摄的水滴撞击水面并辐射声波的过程

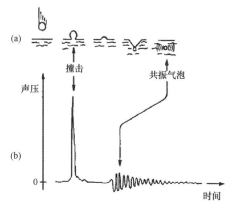

图 3.7　水滴落至水面辐射声波的过程示意及波形

和响度的声波,而声波在水中辐射能量。最后气泡与周围的环境达到平衡,从而形成安静的气泡。安静的气泡不再振荡,因而也不再产生声波,其角色转换为吸收声能量,吸收高频部分的声能尤为明显。

Nystuen 和 Medwin[62] 指出,除了包含上述的两个声辐射机制外,还包含第三个声辐射机制,即部分水滴初始撞击自由水面后会产生飞溅,飞溅会产生二次撞击自由水面,进而辐射更为复杂的声波。这种现象一般发生在初始撞击的 100~600 ms 之后,并与两种水滴粒径(3.2 mm 和 4.7 mm)有关。

Quartly 等[63] 进一步总结了水滴落至水中辐射声波的机理,指出至少存在三种可能:①水滴落至水面形成初始撞击声[11];②水滴撞击水面后在水表层下产生气泡,而气泡的振荡和破裂产生声波,这种声波响度比较大,且通常发生在毛毛雨天气的小雨滴中[22];③较大的水滴在撞击水面之后产生飞溅,飞溅导致水滴的二次撞击,并在水中辐射声波[64]。

## 3.2.2 数值模拟结果

数值模拟方法通常被认为无须耗费过度的资源便可以进行额外的现场观测,已被广泛应用以提高科学认识。一般认为,数值模拟方法有助于产生直观或改进的计算结果,但只有通过现场的观测才能获得真正的检验。众所周知,数值模型通常是对复杂的实际物理过程分析后进行简化或假设而建立起来的。因此,要在实际观测与数值模拟之间取得平衡,还是一件很棘手的事[65]。

Tajiri 等[66] 率先利用了近年来较流行的离散格子玻尔兹曼方法(Lattice Boltzman Method,LBM),数值模拟了水滴撞击水面后在水中辐射声波的过程。在模拟过程中,利用非均匀的笛卡尔坐标系在水滴和水面碰撞之间建立精细的网格，如图3.8所示。

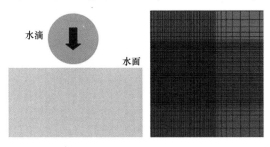

图 3.8　水滴和水面的初始撞击位置模型（左）及

精细非均网格系统（右）

左图是水滴和水面的初始撞击位置模型，发生在水滴和水面即将要接触的那一
时刻；右图为描述水滴变化形的精细化非均匀网格（仅绘制一半区域），红色
表示空气介质，蓝色表示水介质。主要参数：网格数 303×501，网格大小 2×
$10^{-5}$，时间增量 $2×10^{-5}$。水滴直径 $D = 2.0 × 10^{-3}$，水滴距水面的初始高度
$H = 0.05D$，水滴的初速 $U = 0.02$

　数值模拟结果如图3.9所示，表明水滴在早期撞击水面时的变
形和水流线特征。其中，$t^*$ 为相对时间（$t^* = Ut/D$），界面上不连
续的流线表明界面上存在剧烈的密度变化。

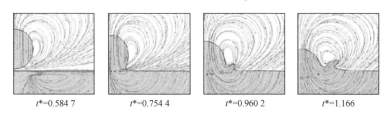

$t^*$=0.584 7　　　　$t^*$=0.754 4　　　　$t^*$=0.960 2　　　　$t^*$=1.166

图 3.9　水滴在初始撞击水面过程中的水面变形

　当水滴突然撞击水面时，界面上产生的撞击声一部分向上辐
射，进入气相介质中，另一部分向下辐射，进入水中。向上辐射进

入气相介质的声波在水滴继续下降过程中受到水滴表面的反射，同时在水滴和水面之间还受到折射，因此又有一部分声波进入水中（图 3.10）。

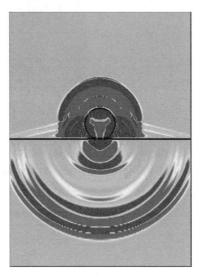

图 3.10　辐射入气相和水中的声波

　　通过计算声压数据可得到声波传播的指向性。设最大的声压起伏 $\Delta P = \left| P_{\max}^* - P_{\min}^* \right|$。其计算结果见图 3.11。气相中声波的指向性由于水滴的飞溅变得很复杂，其主方向与水面约呈 30°。进入水中的声波指向性与水滴撞击水面时水中小气泡的形成与否有关，也与水滴的大小有关。图 3.11 的水中声波的指向性更像偶极子。偶极子声容易受到小气泡的影响，在随后的模拟结果中可以得到确认。

　　声信号的偶极子性是小气泡影响的结果。在图 3.12 中，水滴模型单边域各有 3 个小气泡，那么双边域共存在 6 个小气泡。由于近表面的气泡振荡形成一个反相的平滑图像，反射在水气界面，因此气泡振荡在远场的声压辐射是偶极子，正比于 $\cos\theta$，其中 $\theta$ 是与水面垂直的夹角。粗糙的表面将弱化在近轴指向的反相效应，因此将加强偶极子辐射，而且较大的水滴具有更强的效应。

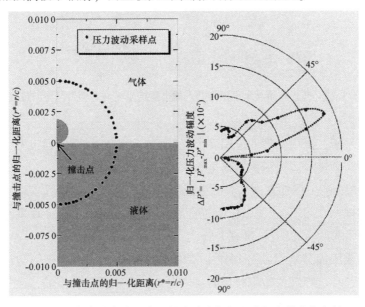

图 3.11　水滴撞击水面产生的声波在气相和液相中的声指向性

左图为撞击模型示意，右图为声波指向性

## 3.3　水滴辐射声信号的实际观测

### 3.3.1　实验中观测的声信号

在实际水声工程领域，除了需要理解水滴辐射声信号的机制外，更关心的是获得降雨噪声波形及功率谱特征。某种角度上，这

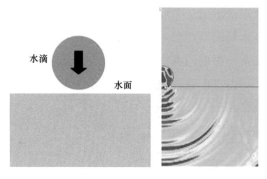

图 3.12 圆形水滴与水面之间的点撞击后产生气泡并辐射声波的过程

是实现研究降雨噪声的应用需求决定的。为此，科学家通过开展可控的实验进一步观测水滴落至水面辐射的波形及频谱。

Scrimger[20]在加拿大开阔湖面上进行的自然界降雨噪声的观测时发现：在频率 13.5 kHz 附近存在一个谱峰现象。这种现象在早期的实验中[15]没有被发现。为此，Nystuen[1]和 Scrimger 等[21]在进行形成原因分析后，分别建立室内水滴实验，并相继获得初步结论：这种谱峰现象与小粒径的水滴有关，而较低频的声波与大粒径水滴有关。他们指出，气泡的振荡和破裂是影响声波功率谱在频带 13~15 kHz 存在谱峰分布的关键因素。不同的气泡大小，存在不同的共振频率，二者的关系可用 Minnaert 方程[67]表示

$$f = \frac{1}{2\pi a}\sqrt{\frac{3\gamma P_0}{\rho_0}} \qquad (3-1)$$

式中，$f$ 为共振频率；$a$ 为气泡直径；$P_0$ 和 $\rho_0$ 分别为局地声压和密度；$\gamma$ 为空气和水的热容比（$\gamma = 1.4$）。公式（3-1）说明了气泡共振频率是气泡半径、局部压力、局部海水密度和地球物理常数的函数，表明了气泡产生声波的共振频率与气泡的大小成反比。Nystuen 等[6]指出，对于小雨滴，气泡的共振频率范围为 14~

18 kHz。Medwin 等[68]也指出,大雨滴能捕获较大气泡(共振频率 2~10 kHz)。

Pumphrey 等[22]同样在实验室中获得了单一水滴落至水面的声波(图 3.13)。其中,水滴的直径 $D$ = 5.2 mm,水滴的撞击速度 $U$ =6.8 m/s。图 3.13(a)共由三部分组成。

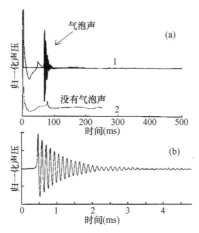

图 3.13 单一水滴撞击自由水面的压力波形(a)及
气泡声的细节扩展(b)

(1)较小幅度的尖锐脉冲,持续 10~40 ms,它是水滴初始撞击后产生的声脉冲。

(2)在时间轴上约 80 ms 附近出现幅度较大的且十分明显的振荡波形(曲线 1),该波形的局部放大如图 3.13(b)所示。这种波形的产生机制是气泡的振荡,一般总是出现在初始尖锐脉冲之后,但是否产生这种波形不能很好预测。当不存在气泡振荡时,水滴落至水面产生的波形,如图 3.13(a)曲线 2 所示。在多次水滴撞击实验中发现,曲线 1 出现的概率较大。但是,即便完全相同粒径的水滴，曲线 1 的气泡声波形也不会总是出现，而且这种具有阻尼衰减的正弦波形存在较大变化，表明了产生的气泡粒径大小存在较大变数。

（3）在撞击声脉冲之后持续 30~70 ms 的低频水压力变化波形。这种波形只有在当水听器移至近场（水滴撞击位置附近）时才能观察到，当稍微远离水滴撞击点时就不存在了。而且，这种波形与撞击位置的水流大小有关，是近场的流体动力学效应，不是真正的声波。

另外，图 3.13（a）中尖锐声脉冲的声压幅度与 Franz 理论预测的结果相反，即尖锐声脉冲的声压幅度远低于气泡的振荡声压幅度。因此，Pumphrey 等[22]认为，此种情况下，撞击后的尖锐声脉冲不可能成为自然界降雨噪声信号的主要成分。

Pumphrey 等[22]利用记录的波形数据，通过功率谱计算获得水滴落至水面辐射的声功率谱。计算结果如图 3.14 所示，可以发现，在频带 14~16 kHz 处存在一个明显的谱峰。分析表明，频带 14~16 kHz 的谱峰主要由气泡振荡组成。Pumphrey 等还指出，为了观察这些单独振荡的细节，水听器应置于水面下深约十几厘米内。当水听器移向深处时，虽然功率谱没有变化，但这些"毛刺"细节变得不可识别。可见，距水滴撞击点较远距离的水听器，其接收的声信号已经模糊了细节信息。

为再次证明频带 14~16 kHz 的谱峰是因为水滴有规则地夹带气泡而辐射出声波的，Pumphrey 等[22]还通过在清水中加入清洁剂的方法进行实验。首先在水池清水中加入 $0.1 \times 10^{-6}$ 的磺酸，使得水的表面张力降低了 32 mN/m。然后通过水滴撞击水面的观测，发现水滴撞击后不再产生气泡，由此产生的声功率谱的幅度在低频区域基本未变化，但在频带 14~16 kHz 的谱峰却消失了，如图 3.15 所示。

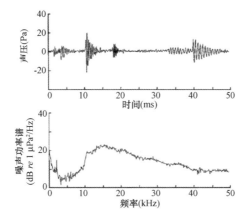

图 3.14　水滴落至水池水面辐射的波形及功率谱

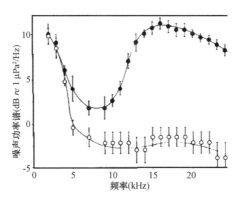

图 3.15　水滴落至清水（实心圆）和
加了磺酸活性剂水（空心圆）中的声谱

　　Medwin 等[68]在综合前人的工作后，总结了水滴落至水面在水中辐射的两种波形，如图 3.16 所示。其中，左图是水滴垂直落至水面的撞击声，右图是由直径 0.83 mm 引起的气泡共振声，撞击声和气泡共振声的峰值间隔为 17.7 ms，两图的声压幅度值均已被归一化。此外，撞击声的声压幅度远小于气泡共振声的声压幅度。

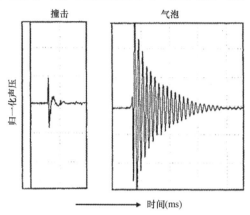

图 3.16 水滴撞击水面在水中辐射的两种波形

## 3.3.2 影响声辐射的主要因素

产生撞击声的机制相对简单，但气泡共振声的机制较为复杂。气泡共振声的声压幅度、频率不仅与气泡辐射声压的机理有关，而且与气泡的产生机制紧密联系。影响气泡产生的主要因素取决于容器中液体的黏度（或者表面张力）、水滴的粒径、水滴降落时的终端速度和入射倾角。

海水和淡水的表面张力差别不大（海水 0.075~0.078 N/m，蒸馏水约 0.073 N/m）。因此，在降雨期间，决定气泡形成的主要因素不是作为液面的海水或淡水，而是水滴降落至水面时的物理状态。

Pumphrey 等[22]通过实验观测发现，只有一定范围内的水滴粒径可以产生气泡。Medwin 等[68]开展了气泡产生实验，发现影响气泡形成的最主要因素是水滴粒径和水滴落水前的撞击速度，结果如

图 3.17 所示。从图中可以粗略地预测气泡的产生情况。

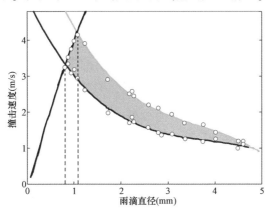

图 3.17　气泡产生的必要条件

左边的斜线表示水滴终端速度曲线，两条竖线（虚线）表示直径分别为
0.8 mm 和 1.1 mm 的水滴通过阴影区域的终端速度，阴影区域表示水滴
撞击水面时每次都能产生气泡，阴影下部区域表示水滴的终端速度太慢
以致无法在水中产生气泡

　　此外，气泡的产生与水滴的入射倾角也有关系。入射倾角是指
水滴撞击水面前一时刻与垂直方向之间的角度。Medwin 等[68]指出：
尽管在实验过程中水滴粒径和终端速度保持不变，但若改变水滴的
入射倾角，气泡的形成概率亦随之发生极大变化。事实上，水滴入
射倾角的变化不仅影响气泡的产生，还影响声能分布及频率分布。
研究结果表明，当水滴入射倾角偏离垂直方向时，撞击辐射的总声
能显著增加，出现谱峰的峰值频率点会下移；与此相反，气泡辐射
的总声能减小。

## 3.3.3　水滴的声辐射过程及实验室验证

　　为增加对"水滴撞击水面在水中辐射声信号"这种现象的感性

认识和获取水滴辐射声信号波形的实际经验，检验文献中描述的水滴辐射声信号结论，本书在室内水池开展了水滴落至水面的声辐射观测实验。

观测方案设计如图 3.18 所示。水滴的产生采用医用注射器滴管，滴管直径约 2 mm。滴管一端与装有清水的瓶子相连，中间装上流速控制器，用于控制水滴流速，以便逐个观察每个水滴的声效果。滴管垂直下方约 2 m 处是一个水池（长 3 m×宽 3 m×深 1.5 m)，清水的深度约 1.3 m。为了让水面自由静止，距实验 10 h 前，水池预先放满指定高度的水量，同时在水池的底部附近预先安装好便于接收声压信号的水声传感器——8104 水听器。水听器接收声能的中心位置距水面约 0.5 m。在滴管附近架设一台观察水滴向下滴落全过程的摄像机。声压信号的采集采用丹麦 Brüel & Kjaer 公司生产的电荷放大器和 PULSE 数据采集系统。公开发表的文献表明，水滴辐射声信号的频率一般小于 25 kHz[20,66]，为此，本实验的采样频率设为 65 536 Hz，分析带宽 22 Hz~30 kHz。

实验中设计了两个水滴速度方案：一是慢速水滴，平均每秒约产生 5~8 个水滴，其主要目的是观察每个水滴所产生的波形；另一种是快速水滴，即采用几乎连续下降的细水柱，此种水柱在水中辐射的声信号已经无法区分每个水滴的细节效果，只能在接收的声压时域序列中发现幅度比背景噪声高的波形。

每个水滴所辐射的声波通常持续时间为 2~3 ms，如图 3.19 和图 3.20 所示，但往往有 3~4 ms 的波形拖尾现象，这是由于声波在池壁来回折射的结果。图中的上部分为波形图，下部分为对应的功率谱。在现场，我们发现了气泡的产生。当水滴流速加快时，气泡飞溅并破裂，进而辐射出声波，但没有找到水滴撞击水面的那种尖锐脉冲。出现这种现象的最大可能是由于撞击声强度偏弱，因为根

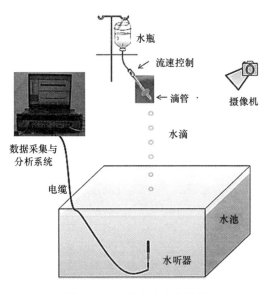

图 3.18　水滴实验方案示意

据水滴降落高度，可以计算其与水面接触时的终端撞击速度约为 0.6 m/s（由于受限于室内空间，无法继续增加水滴高度）。从功率谱图上看，水滴辐射的声信号在频带 5~10 kHz 存在一定带宽的谱峰。另外，我们发现，与慢速水滴辐射的声谱峰频率相比，快速水滴辐射的声谱峰频率往低偏移。根据图 3.17 的研究结论，我们认为，在水滴粒径不变的前提下，由于撞击强度大，小气泡被抑制，大气泡产生的概率大，导致主频率低移。总之，以滴管形成的水滴落至水面确实能在水中产生声信号，其频率范围总体上比较稳定，撞击声较弱，气泡共振声的贡献明显，水滴速度越快，辐射的声谱峰频率越低。

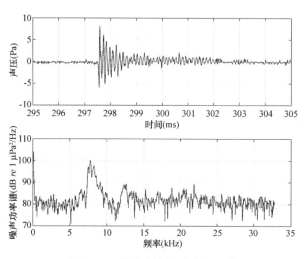

图 3.19　慢速水滴的波形与频谱

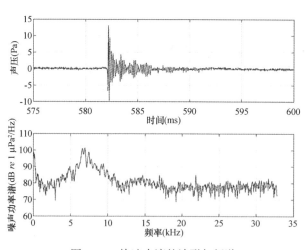

图 3.20　快速水滴的波形与频谱

# 3.4　自然界雨滴与人工水滴的异同

室内人工水滴实验具有采用可控手段逐个观察单一水滴辐射的声信号波形的优势，但是，自然界实际降雨过程却很难采用类似的方法获得降雨期间的每一个雨滴辐射的声信号。由此带来的问题是：自然界降雨辐射的声信号与人工水滴实验辐射的声信号是否一致？如若不一致，差别在哪里？影响因素是什么？事实上，3.3 节已说明影响水滴辐射声信号的主要因素包括水滴粒径、水滴降落至水面的终端速度以及水滴的入射倾角等物理状态，而自然界降雨的条件类型多样，在形成降雨过程中，雨滴的粒径分布、终端速度分布和入射倾角分布比室内的人工水滴实验复杂得多。因此，有必要对自然界降雨的雨滴物理状态做简要分析。

## 3.4.1　自然界降雨的雨滴粒径分布

降雨是水滴从高空的水云中滴落形成的。水云中有大量微小水滴，凝结或互相碰撞合并而增大，到一定程度时，热浮力不能维持水滴的重量，形成雨滴，出现降雨。由于雨滴在降落过程中不断破碎和组合，降落到地面时，同一降雨条件的雨滴粒径分布基本是稳态的。

不同降雨条件的雨滴粒径分布差异较大。一般情况下，雨滴的粒径介于 0.5~7.0 mm 之间，极少数情况下，粒径会达到 8.0 mm，甚至 10.0 mm 以上（夏威夷群岛曾观测到）。这是因为，当水粒小于 0.5 mm，由于大气层上升气流的作用，足以让这般尺寸的水粒留在空中，即使下降时也是飘浮不定。因此，由于空气阻力的存在，较大粒径雨滴在下落过程中往往会分解成许多体积骤减的细小雨滴。当雨滴粒径大于 7.0 mm 时，空气阻力超过了使雨滴保持整体的分子内聚力，较大粒径雨滴便又碎裂分解成小粒径雨滴。此外，这些大粒径雨滴在下落时不断相互碰撞，也促使它们分崩离析。因此，雨滴的粒径一般又不会超过 7.0 mm。研究表明，小雨时落地雨滴的粒径较小，大雨或暴雨时雨滴的粒径较大[69]。暴雨时的雨滴粒径一般有 3.0~4.0 mm，最大时可达 6.0~7.0 mm。最小的雨滴是毛毛雨，一般在 0.5 mm 以下[70]。

但是，即使在同一个雨云中，降落的雨滴粒径也各不相同。原因包括多方面：

（1）结核的大小不同，凝结发生的先后不同；

（2）云中各部分的水汽含量、温度、乱流、云滴的多少、上升气流的强弱等都不相同，因而云滴的凝结增大速率和碰撞合并增大速率不相同；

（3）云的厚度各部分有差异，不同云滴在云中移动的时间和路程不同。时间久、路程长，大小云滴之间水汽转移多，碰撞合并的次数也多，使水滴的大小相差更加明显；

（4）雨滴掉出云底后，蒸发的条件不同。

Nystuen 等[64]利用雨滴谱仪在克林顿淡水湖（Clinton lake）沿岸测量到实际自然界降雨中的雨滴粒径为 0.8~4.6 mm，如图 3.21 所示。

图 3.21 中的 4 条曲线分别对应不同降雨强度下的雨滴粒径分布：

（1）当降雨强度较小时，不存在较大粒径的雨滴，如降雨强度为 0.6 mm/h 的曲线，仅包含粒径为 0.8~2.0 mm 的雨滴；

（2）当降雨强度较大时，既存在较大粒径的雨滴，也存在较小粒径的雨滴，如降雨强度为 118 mm/h 的曲线，全部包含了粒径为 0.8~4.6 mm 的雨滴。

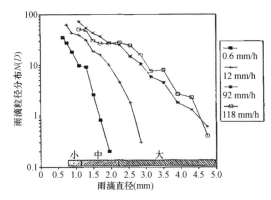

图 3.21　自然界降雨的雨滴粒径分布与降雨强度的关系

不过，从这 4 条不同降雨强度曲线中的雨滴粒径分布发现，无论是降雨强度小或大，主要以粒径小于 1.1 mm 的小雨滴居多。随着降雨强度的增大，较大粒径的雨滴逐渐出现。可见，自然界降雨中雨滴粒径的分布是不均匀的。Nystuen[69] 于 1996 年在迈阿密盐湖的雨滴粒径观测结果与图 3.21 的结论基本一致。

## 3.4.2　自然界降雨的雨滴终端速度

自然界降雨中，雨滴落至水面是有速度的，通常被称为雨滴的终端速度，这是影响声波辐射的另一重要因素。自然界雨滴的终端速度是指雨滴在空气中的下降末速度。具体地说，雨滴刚降落时为加速运动，下降的雨滴受到重力和空气阻力的共同作用，因阻力与速度成正比，在雨滴由静止状态下落的加速度运动中，阻力由小变大，随着速度的增大，空气阻力迅速增大，经过短暂时间后，阻力与重力相平衡，雨滴以匀速下落，此末速度即是雨滴终端速度。雨滴大小不同，终端速度也不同。

对雨滴终端速度的研究可以分为两种方法。一是理论推导，即在雨滴降落过程中利用力学规律导出雨滴降落速度随高度变化的公式[71]，或者利用计算机进行数值模拟的方法得到雨滴的终端速度[70]。原理如下。

在空气中，两种力共同作用于雨滴球体。它们分别是阻力 $F$ 和重力 $G$。

$$F = \frac{1}{2}c_D\rho_A Av^2 \qquad (3-2)$$

$$G = \frac{1}{6}g\pi D(\rho_S - \rho_A) \qquad (3-3)$$

式中，$F$ 的方向与雨滴运动相反；$c_D$ 为阻力系数；$\rho_A$ 为空气密度；$v$ 为雨滴速度；$A$ 为球体投影面积；$g$ 为重力加速度；$D$ 为直径；$\rho_S$ 为球体密度。当 $F = G$ 时，雨滴的下落速度即为终端速度，在这种情况下，作用在雨滴的合力为 0，雨滴匀速降落。

$$v = \sqrt{\frac{4}{3}gD\frac{\rho_S - \rho_A}{\rho_A c_D}} \qquad (3-4)$$

阻力系数是与直径 $D$ 有关的函数，当 $D$ 从 1.5 mm 增至 4.0 mm 时，$c_D$ 近似等于 0.5。因为 $g = 9.81$ m/s，$\rho_S = 0.99987$ kg/dm$^3$，$\rho_A = 1.2929$ kg/dm$^3$，参考气体温度 $T = 0℃$ 和正常气压 $p = 1013$ hPa，代入公式（3-4）中，终端速度 $v_{\text{term}}$ 可写成

$$v_{\text{term}}(D) = 4.50\sqrt{D} \qquad (3-5)$$

理论推导的一个前提是假设雨滴是球状的，并且空气压力或阻力均匀不变等，此种假设与实际降雨情况并不完全相符，存在一定的误差。因此，第二种研究方法主要采用实际观测降雨雨滴的速度数据并统计拟合出经验公式，如 Laws[72]、Blanchard[73] 的研究等。

实测结果表明，直径 0.5~6 mm 的雨滴的终端速度一般不超过 9 m/s，并且与雨滴粒径大小有关：

$$V_m = \begin{cases} \sqrt{\left(38.9\,\dfrac{v}{d}\right)^2 + 2\,400gd} \ - 38.9\,\dfrac{v}{d} & d \leqslant 3 \text{ mm} \\[3mm] \dfrac{d}{0.113 + 0.084\,5d} & 3 < d \leqslant 6 \text{ mm} \end{cases}$$

$$(3-6)$$

式中, $d$ 为单个雨滴的直径; $v$ 为空气中的运动黏滞系数。

### 3.4.3　雨滴的入射倾角与风场扰动

　　自然界降雨中一般均伴随着风场矢量。风场矢量的存在既改变了雨滴的下降速度, 又改变了雨滴撞击水面的角度。根据力学理论, 可以把风场的运动方向分成垂直方向和横向方向。因此, 风场的作用主要表现为两方面[74]: 垂直方向的力增大了雨滴的下降速度, 即增大了雨滴的动能; 横向的力改变了雨滴撞击水面的入射角度, 从而影响雨滴撞击水面产生气泡并辐射声波的效果。

　　当一个球面的雨滴以速度 $w_a$ 在风场中运动时, 所施加的摩擦力为

$$F_G = \frac{1}{2}C_d\rho_L w_a^2 \frac{\pi}{4}d^2 \qquad (3-7)$$

式中, $\rho_L$ 为空气密度; $d$ 为雨滴的粒径; $C_d$ 为与雨滴粒径大小有关的阻抗系数。若风场水平运动速度为 $u$, 同一方向的雨滴水平速度为 $v$, 那么雨滴相对于风场中的垂直速度 $w$ 为

$$w_a^2 = w^2 + (v-u)^2 \qquad (3-8)$$

　　雨滴相对于法向方向的夹角 $\alpha$ 可定义为

$$\tan\alpha = \frac{u-v}{w} \qquad (3-9)$$

　　因此, 雨滴的水平运动分量可表示为

$$-\frac{1}{2}C_d\rho_L w_a^2 \frac{\pi}{4}d^2\sin\alpha = \frac{\pi}{6}d^3\rho_w A_h \qquad (3-10)$$

垂直运动分量可表示为

$$-\frac{1}{2}C_d\rho_L w_a^2 \frac{\pi}{4}d^2\cos\alpha = -\frac{\pi}{6}d^3\rho_w A_v + \frac{\pi}{6}d^3(\rho_w - \rho_L)g$$

$$(3-11)$$

式中，$\rho_w$ 为雨滴密度；$g$ 为重力加速度；$A_h$ 和 $A_v$ 分别为水平方向和垂直方向的加速度。

当雨滴达到终端速度时，$A_v$ 近似为 0，假设 $w_a^2\cos\alpha$ 近似为常数，公式（3-11）可近似表示为

$$-\frac{1}{2}C_d\rho_L w_a^2 \frac{\pi}{4}d^2\cos\alpha \approx \frac{\pi}{6}d^3(\rho_w - \rho_L)g \qquad (3-12)$$

公式（3-12）和公式（3-9）相除，可以得到

$$\tan\alpha = \frac{u-v}{w} = -\frac{\rho_w A_h}{(\rho_w - \rho_L)g} \qquad (3-13)$$

对于粒径为 1 mm 的雨滴，在终端速度为 3.5 m/s 时，当表面风速为 1.3 m/s，其入射倾角 $\alpha$ 约为20°。当入射倾角增加时，撞击的时间周期（撞击声）增大，峰值频率下降，宽带谱的贡献增加。当风速增加时，雨滴变得更倾斜。因为入射倾角的增加，降低了气泡的产生，气泡声贡献的声能变弱。因此，风场导致雨滴倾斜入射的净效应是弱化 15 kHz 的尖锐谱峰，并转移至较高频率上，成为宽带的噪声功率谱。

# 3.5　自然界降雨辐射的声信号

虽然室内的人工水滴实验可以通过调控水滴的降落速度、调整水听器与声源的距离等方式观察水滴落至水面辐射的声压波形。但

是，在几乎所有关于降雨噪声的文献中，极少展示自然界降雨的单一雨滴产生的波形，而是通常只介绍它们的功率谱曲线。这是因为，在自然界观测降雨噪声过程中，利用一定深度的水听器接收的声压信号不再是单一雨滴辐射的声压，而是由一定水面面积内所有雨滴共同贡献的结果。并且，由于雨滴在粒径分布、入射角度、终端分布的宽广范围和不确定性，使得这些由许多个体雨滴辐射的声信号波形细节完全被"平滑"，变得模糊不清且难以辨别。因此，由一定深度的水听器接收的降雨噪声信号是一个统计综合的波形，其声压波形反而更像是白噪声，以至于早期的学者[14]误认为 1～10 kHz频带上暴雨辐射的声波接近于"白噪声"。

在频率域上，本书第一章的图 1.1、图 1.4 和图 1.5 分别展示了不同学者在各自水域观测的不同降雨强度和接收深度的降雨噪声功率谱图。从这些功率谱图中可以发现，降雨噪声功率谱在整个频带（2～25 kHz）上均明显高于风成噪声功率谱，并且主要产生两类功率谱曲线特征：一是在频带 13～25 kHz 内存在一个较宽的谱峰；二是在频带 2～30 kHz 内具有负斜率趋势。这些降雨噪声功率谱曲线与室内人工水滴实验辐射的声功率谱曲线相比并不完全一致，特别是在曲线形状、谱级变化等方面更复杂、更具多样性，故而很难完全按照微观上水滴在水中辐射声信号的内在机理进行解释。因此，需要在水滴辐射声信号的微观机理和自然界降雨噪声功率谱曲线的宏观层面上建立新的联系，以解释这种在不同降雨强度下产生的声功率谱图的差异。

3.4 节已介绍，空中不同类型的云团，可能产生不同粒径型的雨滴。例如，低层云是以小粒径雨滴为主，即"毛毛雨"；积雨云存在较强的垂直气流，使得雨滴在落至水面之前继续增大，通常包含较大粒径的雨滴。因此，当这些不同粒径的雨滴落至水面时也会在水中辐射不同类型的声信号。小粒径雨滴较容易产生微小气泡，并引起气泡振荡，在频率 15 kHz 附近出现谱峰，较大粒径的雨滴则通常产生较低频带和宽频带的声信号。

Medwin 等[26]通过研究自然界雨滴粒径分布与降雨辐射的声波类型后认为，可以按照雨滴粒径的分布将降雨辐射的声波大致分成三类：① "小"雨滴，粒径在 0.8~1.1 mm，产生具有 14~16 kHz 谱峰的声波特征；② "中等粒径"的雨滴，粒径在 1.1~2.2 mm，只有撞击声，没有气泡声；③ "大"雨滴，粒径大于 2.2 mm，将产生复杂的声音，因为这种雨滴不仅会产生气泡，而且还可能产生皇冠似的水柱喷射，形成飞溅。

Nystuen[69]利用 1996 年在迈阿密盐湖的自然界降雨雨滴观测结果，分析总结了自然界不同雨滴粒径分布的五种声波类型，如表 3.1 所示。由该表可得，微小雨滴（<0.8 mm）时，轻度飞溅产生的声波检测不到；小雨滴（0.8~1.2 mm）时，飞溅的碰撞仍然安静，但每次飞溅可以预知产生一个气泡，因此声波显著提高；中雨滴(1.2~2.0mm)的飞溅不产生气泡，因此中雨滴反而比小雨滴

表 3.1　自然界雨滴的粒径分布与降雨噪声产生类型

| 雨滴大小 | 雨滴粒径<br>（mm） | 声音特征 | 频率范围<br>（kHz） | 飞溅特性 |
|---|---|---|---|---|
| 微小 | <0.8 | 安静 | — | 轻柔 |
| 小 | 0.8~1.2 | 响气泡 | 13~25 | 轻柔，飞溅产生气泡 |
| 中 | 1.2~2.0 | 弱碰撞 | 1~30 | 轻柔，无气泡 |
| 大 | 2.0~3.5 | 碰撞，响气泡 | 1~35 | 湍流，夹杂不规则气泡 |
| 超大 | >3.5 | 强碰撞，响气泡 | 1~50 | 湍流，夹杂不规则气泡，透入喷射 |

更安静；大雨滴和超大雨滴（>2.0 mm）在飞溅过程中捕获大量的气泡，产生更大气泡且相对低频的响声。因此，每一种粒径的雨滴辐射具有各自独特谱性的水下声波。

利用降雨噪声的时间序列，Nysteun 计算了噪声功率谱，并按照表 3.1 的五种雨滴粒径，给出降雨噪声的功率谱图，如图 3.22 所示。他认为，如果预知海洋上空的雨滴粒径分布，可以估计水中降雨噪声的功率频谱。为此，他建立了基于雨滴粒径分布的水中降雨噪声强度的关系式：

$$I_0(f) = \int A(D, f) V_T(D) N(D) dD \qquad (3-14)$$

式中，$f$ 为频率；$A(D, f)$ 为水中声波的传输函数，它与频率 $f$ 和雨滴粒径 $D$ 有关；$V_T(D)$ 为雨滴的终端速度；$N(D)$ 为雨滴的粒径分布。

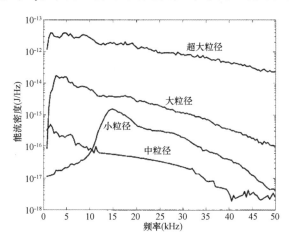

图 3.22　雨滴粒径分布与降雨噪声功率谱级关系

2005 年，MA 等[75]进一步总结了降雨噪声功率谱曲线与雨滴之间的形成机制，并绘制成图形（见图 3.23）以直观地进行定性解释。MA 等将降雨噪声的功率谱图分成五个区域：Ⅰ. 只有风速；
Ⅱ. 大的雨滴区；Ⅲ. 微雨区（毛毛雨）；Ⅳ. 小雨到大雨区；Ⅴ. 近
表面有气泡层的影响区。

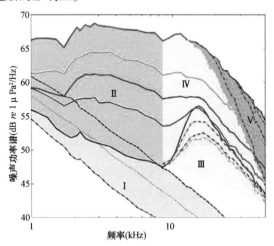

图 3.23　由风和雨引起的海洋噪声功率谱分类及形成机制

对于Ⅰ区，谱级值在全频带上随着频率的增加呈对数线性下
降，声音仅受海面风的影响，体现的是风成噪声谱；对于Ⅱ区，谱
级值主要分布在 10 kHz 以下，声音是由较大的雨滴产生，风速对
它影响不大；对于Ⅲ区，谱级值分布在 8~25 kHz 的频带上，中间
存在一个谱峰，这种声音主要是由小雨滴产生的，这部分的声谱对
风速十分敏感，图中的点虚线代表着不同风速条件的降雨噪声功率
谱的大小；对于Ⅳ区，谱级值比较复杂，声音可能是小雨滴和大雨滴
共同作用的结果；对于Ⅴ区，谱级值仅分布在较高的频带上（>30
kHz），且呈急剧衰减趋势，一般只出现在大暴雨的天气中，水面出
现大量的表面气泡层，因此出现这种效果的原因可能是由于降雨噪
声被表面气泡层的吸收衰减的结果。

图 3.23 虽然可以较合理地解释自然界降雨过程中辐射的不同类型的噪声功率谱特征，但由于这些区域之间的划分没有严格的界限，不能给出具体数值。因此，该图可用于定性理解降雨噪声功率谱图的可能分类及形成机制，但难以从定量上建立降雨噪声功率谱与空中降雨强度的关系。

## 3.6　本章小结

雨滴落至水面并在水中辐射声信号的内在机制十分复杂。本章在综合分析国内外研究成果的基础上，较系统地阐述了水滴撞击水面的状态变化、水滴撞击水面后的声辐射过程以及辐射的两种声波信号特性，比较了自然界雨滴与人工水滴在粒径分布、终端速度等的异同。研究表明，降雨期间影响水中声信号产生的因素主要包括雨滴的粒径分布、雨滴下降的终端速度以及雨滴落水前的入射倾角。

此外，为增加"水滴撞击水面在水中辐射声信号"这种现象的感性认识，获取声信号波形的实际经验，本书在室内水池开展了人工水滴的声辐射实验并分析了声信号波形。

通过室内人工水滴实验，虽然可以定性解释自然界降雨噪声的声辐射机制，但不能完全代替自然界降雨噪声的实际测量。事实上，自然界降雨噪声波形及功率谱与室内人工水滴实验所获得的信号波形及功率谱存在明显的差异，特别是在不同降雨强度下产生的噪声功率谱，在频率域上的分布差别较大。因为，在自然界降雨中，雨滴终端速度不均匀，雨滴粒径分布十分宽广，雨滴入射倾角易受到风场扰动等因素的影响。因此，为了深入理解降雨噪声特性，需要在掌握水滴辐射声信号的微观机制基础上，开展自然界降雨噪声的长期测量。

# 第4章 降雨噪声的观测及
# 数据处理方法

开展降雨噪声特性研究既需要水下噪声数据，也需要同步观测的空中降雨强度数据。多年以前，常规获取的水下声信号数据（如海洋环境噪声、鱼类声音、海洋哺乳动物声音等）与降雨噪声无关。即使偶尔存在极少数降雨期间的水下噪声数据，也缺少同步测量的空中降雨强度等气象参数。因此，需要在不同类型的降雨（如毛毛雨、大雨、暴雨等）期间进行水下噪声测量并同步记录气象信息。

从目前公开发表的文献中发现，虽然简要介绍了降雨噪声的测量系统组成，但缺少测量方案的细节说明，更没有统一的标准。因此，在降雨噪声的测量方法和信号处理方面无可直接借鉴的经验。从已有的经验来看，降雨噪声功率谱的频带较宽（大于 25 kHz），进行水声波形记录时需要自噪声低、频带宽、抗干扰能力强、低功耗的数据采集系统。与此同时，降雨期间的水下噪声测量对设备的防水、防潮等要求较高。因此，为解决在降雨噪声实际测量中可能遇到的问题，本书结合现有实验设备，设计了两种不同工作方式的降雨噪声数据采集方案。

# 4.1　测量方案设计

## 4.1.1　岸基形式的方案

经过多次测试和完善，本书设计的基于岸基形式的降雨噪声采集方案如图 4.1 所示。测量系统分三部分：水下信号接收单元、电缆连接单元和岸上数据采集单元。另外，为同步观测气象信息，还在采集系统附近布置辅助气象数据测量单元。

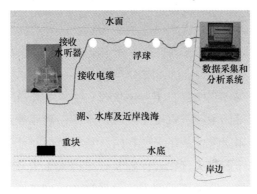

图 4.1　基于岸基形式的降雨噪声观测方案示意

水下信号接收单元：由沉底重块、接收水听器组成，并与浮体连接在一起潜在水中。

电缆连接单元：主要将声学信号连接至采集系统。应注意的是，浮子在降雨测量区域面内不能浮出水面，以免产生噪声干扰。

岸上数据采集单元：由数据采集系统、实时监视系统组成。数据采集系统主要采用丹麦 Brüel & Kjær 公司四通道便携式声学分析仪 PULSE3560C 一套（包括 8104 标准水听器、NEXUS 2692A0S4 电荷放大器、2827 型便携式数据采集单元、7533 型 LAN 接口模块、7700A 噪声、振动分析软件和 7701 数据记录软件 7 个子系统）。数据采集系统的采样率为 65 536 Hz，带宽最高达 30 kHz。为提高采集系统的抗干扰能力，在野外采用干电池组作为供电系统。

辅助气象数据测量单元：包含降雨强度的测量和风速的测量，降雨强度采用雨量计，风速测量采用风速仪。

为了让水听器能垂直地潜浮在一定深度的水中，我们对水听器头进行结构改装，经过多次调试，加装了浮球和铁架。在通过理论计算每一个浮球浮力的基础上，确定了浮球个数及总浮力，选择合适的重块，以保证水听器在水中的稳定性及能够潜浮在水中。

该采集方案的优点是基于岸基形式，可以人工实时观察降雨期间产生的水下噪声信号，有利于获取现场降雨噪声的感性知识。但岸基形式的不足也很明显，主要体现在：①该套系统易受电缆长度、布放形式等的限制，仅限于在湖、水库、离岸较近的浅海等场合使用；②降雨噪声的测量需要在雨天进行，但对于暴雨，甚至台风天来说，由于恶劣天气往往伴随着狂风，人工值守十分困难，观测工作难以开展；③由于局部天气预报通常不准确，即使及时收听到暴雨将至的信息，立即布放好各种仪器实行"守设备待雨"，也通常会无功而返。

## 4.1.2 潜标形式的方案

经过多次野外测量，初步获取了小雨或毛毛雨期间的水下噪声数据，但仍缺乏恶劣天气下（大雨或暴雨）的数据，因此，需要改变人工值守的测量方案以获取恶劣天气下的降雨噪声数据。通过更换数据采集系统，设计了基于潜标形式的测量方案，如图 4.2 所示。

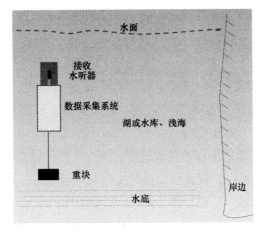

图 4.2　基于潜标形式的降雨噪声观测方案示意

与岸基测量方案相比，潜标测量的最大的区别在于降雨噪声的采集单元——使用一台基于 DSP 的低功耗、抗干扰强的水声信号采集仪器 DSG。DSG 仪器的连续采样速率可达到 80 kHz，运行时的功耗仅为 100 mA，AD 分辨率为 16 bit，采用 32 G 的 SD 内存卡和 FAT32 的文件系统格式，容易与 Windows 系统兼容。该套设备的基本性能能够满足降雨噪声采集要求低功耗、宽频带、大容量、抗干扰强的特点。但是，由于 DSG 采集系统的初期设计目的是用于海洋生物声音的采集，对于降雨噪声的微弱信号而言，其灵敏度要求更高。为使 DSG 系统满足降雨噪声数据采集的需求，本书从信号调理角度入手，增加了该系统的信号调理幅度放大和高通滤波功能。主要工作包括：

（1）加装了信号调理和高通滤波模块。原有信号滤波只有二阶巴特沃斯滤波器，为放大微弱的降雨噪声信号，本书为 DSG 信号的输入端增加了可控的信号放大及滤波模块。

（2）调整了数据采集的配置文件及配置参数。配置文件共有两个脚本文件，一是系统配置文件 Default. txt，二是数据采集的计划文件 Sched. txt。计划文件 Sched. txt 用于每次降雨数据采集的时间分配，只需在降雨期间设置时间，无须调整特殊参数。但配置文件 Default. txt 用于对系统的整个控制，需要调整。经过与生产商的沟通，重新烧录了 DSP 程序。

（3）编写数据文件的读取程序。原厂商提供的说明书未给出数据文件的读取程序，仅提供文件的文件头结构说明。本书利用科学计算软件 Matlab，自编了数据文件的读取程序。

（4）进行了必要的浮力与结构改造工作。为实现观测降雨的布放方案，需要对采集仪器 DSG 进行浮力测试和结构改造。因此，本书在实验室水池进行浮力测试，并为该 DSG 设备量身定做了支架。

（5）性能测试。经过系统硬件改装、软件参数联调之后，本书对 DSG 雨声系统进行性能测试工作。改造后的降雨噪声采集设备见图 4.3。

## 4.2  测量地点的选择依据

由水滴落至水面辐射声信号的机理可知，自然界降雨噪声的信号波形主要取决于空中降雨时雨滴的速度、粒径分布、入射角度等因素，与水域类型相关性较小。已有的观测结果[5,6,63,64,76,77]也表明，不同水域观测的降雨噪声功率谱幅频分布大致相似。同时，为便于现场观察和气象数据获取，本书分别选择淡水湖（厦大水库）和近岸浅海（五缘湾海域）作为自然界降雨噪声测量的两个典型水域。

选择水库的优点在于水库中的水下噪声干扰源较少，有利于提

图 4.3　改造后的 DSG 降雨噪声采集设备

取干净的降雨噪声波形。美国等国家的科学家一般也遵循"由浅入深"的原则，即在降雨噪声数据的实际测量过程中先在淡水湖中获取经验，待到条件合适才转移至海洋。

## 4.2.1　厦大水库

厦大水库属于典型的淡水湖，位于美丽的厦大情人谷里，四周树木郁郁葱葱，如图 4.4 所示，对于降雨噪声的观测，地理位置十分优越。

首先，该水库长约 200 m，水面宽约 50 m，水库的三面以树林和山体为主，另一面为一条水泥路。由于处在校园附近，车流量极少，活动的人也少。若在水库中心布放接收水听器，可以避开汽车噪声和人类活动噪声，减少岸边的嘈杂噪声对水中背景噪声的叠加，有利于数据的分析处理。

其次，图中标注区域的水深平均 6~8 m，属淤泥性质，湖底反射声的影响较小，有利于水中声音的接收；水下地形较平坦，可避

图 4.4  降雨噪声的第一观测地点——厦大水库

免水下仪器和电缆在水中（或水底）被复杂地形（如石块等）缠绕的危险。

第三，在该水库内或者附近，没有小船或渔船，因此不会受到船舶航运噪声的影响，减少水中环境噪声的干扰源，降低数据分析的复杂性；该水库是个封闭湖，水流缓慢，即使在暴雨等恶劣天气条件下，基本上不存在湖面的波浪起伏。这些对置于水中的测量潜标来说，既不存在由于水体的上下运动而导致的水听器接收深度的误差，又可以使锚链基本处于静止状态，避免产生锚链噪声，有利于降雨噪声数据的提取和分析。

最后，由于春季和夏季通常为西南风，水库的西南方向恰好有一座山丘，挡住了西南风的流动，因此水库周围的风速极小，根据本书实测的结果，通常情况下小于 2 m/s，因此，极大地降低了风速对降雨噪声采集的影响，有利于提取不同降雨强度下的声压数据。

## 4.2.2　五缘湾海域

为识别海水中降雨噪声信号，尝试在复杂背景噪声干扰中提取降雨噪声，本书将厦门港东海域的五缘湾作为降雨噪声的另一观测地点。

如图 4.5 所示，五缘湾内海湾位于厦门港东海域向内凹的一片水域，每天涨潮退潮时与外海域进行水体交换，退潮时水深 7~8 m，涨潮时水深 11~12 m，海底为淤泥沙底质类型。由于湾内风浪较小，湾内设有帆船、游艇基地，在水域中心还设有一个海豚救护基地，三只宽吻海豚被围养在网箱内。因此，在提取降雨噪声信号时，需要考虑区分并剔除船舶噪声和生物噪声，特别是海豚在水中的发声信号。

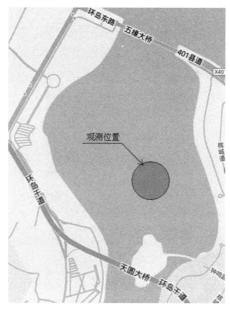

图 4.5　降雨噪声的第二观测地点——五缘湾海域

降雨噪声观测点距海岸约 100 m, 在降雨期间陆地噪声的影响较小。帆船游艇在雨天不出海, 而且它们的频率基本在 500 Hz 以下, 对降雨噪声识别的影响也较小。但是, 由于在海边, 一般都存在风场扰动 (本书在降雨期间观测的最大风速约 5.4 m/s), 因此, 在提取和分析降雨噪声时应考虑剔除风成噪声的影响。

## 4.3 气象信息的同步测量与提取

### 4.3.1 降雨强度

采用 ZDR-1G 雨量记录仪以获取同步的降雨信息, 如图 4.6 所示。ZDR-1G 雨量记录仪基于翻斗式原理, 降雨时雨水由承水口汇集 (承水口径 $\varphi$200 mm, 分辨率 0.1 mm), 进入计量翻斗, 每翻斗一次为 0.1 mm 降水量。计量翻斗每翻转一次, 就送出一个信号, 信号的收集由雨量记录仪完成, 采集间隔为 10 s。记录仪的启动和参数设置可通过 RS232 串口线在电脑上进行软件设置。

图 4.6 翻斗式雨量计及实时电子记录仪

由于 ZDR-1G 雨量记录仪每隔 10 s 记录一次降雨量，因此它体现的是一定时间间隔内的降雨量积分。单纯用"降雨量"参数不能表征单位时间内的降雨大小，因此气象学上大都采用"降雨强度"来表达。故本书需要将降雨量数据转换成降雨强度。设降雨强度的符号为 $R$（mm/h），有

$$R = N \times 0.1 \times 3\,600/T \tag{4-1}$$

式中，$N$ 为计量翻斗次数；$T$ 为采样周期（s）；0.1 是指计量翻斗每送出一个信号代表 0.1 mm 的降雨量。

也可以采用如下公式：

$$R = 0.1 \times V \times 3\,600/dT \tag{4-2}$$

式中，$V$ 为 $dT$ 时间间隔（s）内的降雨总量（mm）。

## 4.3.2　风速

风的测量是指一段时间内风速、风向的平均值。风速是单位时间内风行的距离，用"m/s"表示；风向是指风的来之方向。本书所指的风，是指风在水平方向上的分量，主要测量"风速"参数，不需要"风向"参数。

风速测量的观测设备采用能够实时记录风速的 Wind110 三杯风速记录仪，如图 4.7 所示，包括一个三杯风速计和 PULSE110 数据记录仪，二者用一条约 25 英尺（1 英尺 = 30.48 cm）的电缆连接。

Wind110 三杯风速记录仪主要测量瞬时或平均风速数据并以标准单位（m/s）的格式存储。观测时应选择在周围空旷、尽量不受建筑物影响的范围内测量。观测过程中采用每秒记录一次风速数据。

图 4.7　三杯风速记录仪

## 4.4　水面测量范围的预估

当确定布放水域后，水听器深度的选择至关重要，因为水听器的布放深度决定了水面降雨噪声的空间测量范围。理论推导如下。

水面上的降雨噪声源可设为自由水面上均匀分布的偶极子源[64]，对于深度 $h$ 的全向水听器，在忽略声散射和折射引起的路径变化外（取直线），声能损失主要由几何扩展损失和海水声吸收构成，于是接收深度为 $h$ 的降雨噪声强度 $I$ 可表示为[78]

$$I = \int I_0 \cos^2\theta\, atten(p)\,\mathrm{d}A \qquad (4-3)$$

$$atten(p) = \frac{\exp(-\alpha p)}{p^2} \qquad (4-4)$$

$$p^2 = r^2 + h^2 \qquad (4-5)$$

式中，$I_0$ 为海表面的声源强度；$\cos^2\theta$ 为偶极子声源的指向性；$atten(p)$ 是由几何扩展和声能衰减引起的损失；$p$ 为声传播路径，如图 4.8 所示；$\mathrm{d}A$ 的积分表示降雨噪声所围成的水面的面积 $A$。

公式（4-3）可较精确地计算降雨在水面的有效采样面积，其声传播路径 $p$ 与声速剖面有关。为了在实验观测前（在暂时未获取详细水体环境参数的前提下）估计降雨噪声的表面测量范围，需要对公式（4-3）部分细节作简化。首先，由射线理论可得，到达接

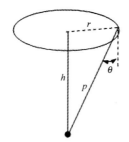

图 4.8 水面降雨噪声的传播示意

收器的声能通常为较陡掠射角度的声线[79]；其次，假设声线是直的，且忽略声波在水中散射和折射；第三，当观测水域为淡水时，还可以忽略声吸收。因此，若假设水听器接收的声压中有 90% 来自水面的降雨噪声时，则可获得有效的水面降雨噪声测量范围[5]

$$SA_{90\%} \cong \pi\,(3h)^2 \qquad (4-6)$$

可见，一定接收深度的降雨噪声在水面的测量半径大致为水听器接收深度的 3 倍。若假设水听器接收的声压中大约只有 50% 来自水面降雨噪声，可以得到新的有效的水面降雨噪声测量范围[5]

$$SA_{50\%} \cong \pi h^2 \qquad (4-7)$$

由上述两个公式获得的接收采样面积体现了水听器接收的降雨噪声是空间平均的结果。这对于降雨噪声的测量来说有以下两个意义。首先，由于降雨在所有空间尺度上具有不均匀性，使得降雨噪声的测量应是一定范围的空间平均或时间平均。其次，由于降雨噪声含有许多独立的雨滴飞溅，微观上是独立的噪声源，但接收的声压信号不再体现单一的声源，而是由大量雨滴产生的各个噪声源的统计积分而得，因此，宏观上噪声功率谱表现为一定范围内的空间平均谱。

# 4.5 信号处理方法

获取宝贵的原始降雨噪声波形数据后,需要开展降雨噪声波形的提取、功率谱计算、功率谱与实测气象信息的同步分析等。

## 4.5.1 降雨噪声功率谱计算

降雨噪声功率谱的计算采用海洋环境噪声功率谱的计算方法。

1. 功率谱的理论计算方法

设有效的声信号为 $x(n)$,长度为 $L$,将其按覆盖分段法分为 $I$ 段,每段长度为 $N$,$N$ 根据分辨率、方差要求选定。按平滑平均周期图法求出其平滑平均周期图功率谱估计的 $P(k)$。设第 $i$ 段信号序列为 $x_i(n)$,则将 $x_i(n)$ 乘以窗函数 $w(n)$,并进行幅度纠正。

$$x_i(n) = x_i(n)w(n)/F \qquad (4-8)$$

式中,$F = \dfrac{1}{N}\sum_{k=1}^{n} w(k)$。再进行离散傅里叶变换(DFT),即

$$X_i(k) = \sum x_j(n)w(n)\exp\left(-\frac{j2\pi kn}{N}\right) \qquad (4-9)$$

式中,$i$,$j = 1$,$2\cdots$,$I$;$k = 0$,$1$,$\cdots$,$N-1$,则第 $j$ 段修正(加窗)周期图为

$$P_i(k) = \left| \frac{2}{N}\sum_{n=0}^{N-1} x_i(n)w(n)\exp\left(-\frac{j2\pi kn}{N}\right) \right|^2 \qquad (4-10)$$

长度为 $L$ 的整个实平稳随机序列 $x(n)$ 的功率谱估值 $P_n(k)$ 是上述 $I$ 个修正周期图的指数平均,即

$$P_n(k) = \frac{\left(\dfrac{I}{2}-1\right)P_{n-1}(k) + Y_n(k)}{\dfrac{I}{2}} \qquad (4-11)$$

式中，$1 \leqslant n \leqslant I$，$P_0(k) = Y_i(k)$。对于线性平均，

$$P(k) = \frac{1}{I} \sum_{i=0}^{I} Y_i(k) \qquad (4-12)$$

可求得带宽归一化的噪声功率谱级 $SPL(f_i)$：

$$SPL(f_i) = SPL1(f_i) - 10\lg[(f_h - f_l + 1) \cdot \Delta f] \quad (4-13)$$

2. 功率谱的处理步骤

根据功率谱的理论计算方法，要求对降雨噪声信号进行分段，因此，在功率谱计算之前应选取有效的降雨噪声数据，然后编程计算功率谱。

首先，回放原始数据，将采集到的声信号数据以每分钟为单位分段，记测量数据的采样频率为 $f_s$。将需要处理的一段截取分成 $L$（$i = 1$，2，…，$L$）个长度为 $M$ 的数据并分段，其中 $M$ 的选取根据数据的总长度、频率分辨率、平稳特性等问题来综合考虑，各数据分段之间可以有适当的重叠，例如重叠率为 50% 等。

其次，分段后使用快速傅里叶变换（FFT）方法作功率谱分析。功率谱计算时，把数据再细分为多段，然后对多段数据分别作 FFT，并保证 FFT 的频率分辨率小于 1 Hz。而且，对每段数据应进行加窗处理，窗函数可设为 Hanning 窗。由于数据量较多，数据分段时可以不用重叠。多段数据之间进行功率谱平均，获得该时间段的噪声功率谱。在最终给出功率谱时，需要折算到 1 Hz 带宽内。功率谱的处理步骤如图 4.9 所示。

## 4.5.2　干扰信号的剔除

噪声干扰信号指与预期降雨噪声信号无关的其他一切声音信号，可能包括瞬间噪声、仪器自噪声、风成噪声、锚链噪声和生物噪声等。这些声音在所记录的降雨噪声数据中可能随机出现。图

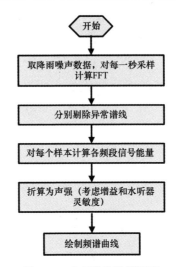

图 4.9　功率谱的计算流程

4.10 是包含仪器自噪声和某种生物噪声干扰信号的降雨噪声功率谱图。

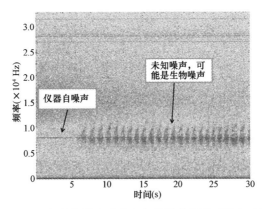

图 4.10　包含仪器自噪声和生物噪声的降雨噪声时频

　　为了提取较为干净的降雨噪声功率谱，需要在数据处理的多个步骤中重复进行各类干扰噪声的识别与剔除。

　　首先，对需要处理的所有降雨噪声数据进行回放，结合人耳监听的方式直接识别可听范围内的其他噪声干扰，利用时间范围检验和数值合理性校验方法分析干扰原因，提取比较平稳的数据段。

　　其次，通过计算功率谱，绘制时频图，可以清晰地再现干扰信号；然后根据降雨事件的连续性检查降雨噪声数据记录之间的一致性。连续性检查可用于剔除任何孤立的谱线，这种连续性检查主要是基于降雨事件持续时间必须长于单个记录间隔的假设。

　　第三，根据分析结果，尽可能选取没被其他干扰噪声污染、平稳的信号段进行功率谱分析。对于信噪比高的雨声可采用 5 类 "噪声" 剔除方案，包括 "斜率剔除" "陡坡剔除" "污染剔除"。对于低信噪比的雨声，暂且保留，以便将来对雨声特性有较深入理解之后重新研究剔除方法。

## 4.5.3　风成噪声功率谱的剔除

　　风成噪声是指由风力引起的波浪破碎、空化现象引起的噪声。在理论上，流动的风产生的噪声，经过了重重的能量转换机制：先是风吹过海面产生海浪，再是海浪搅动或破碎成气泡后产生声音，如图 4.11 所示。从微观角度来看，浪的成因是水分子接受了空气分子的动能而产生位能，而浪的搅动会产生气泡，气泡融入水中会储存势能，在气泡与气泡结合，或气泡从水中重回大气时，会将势能释放为热能和声能[40]。

　　风成噪声的谱级在频率约 500 Hz 以上相对于对数频率轴有一个常数的负斜率值，大约每倍频程 6 dB[8,12]。2005 年，Ma 等[75]在西太平洋暖池（Western Pacific Warm Pool，WPWP）的观测结果表

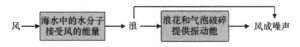

图 4.11　风成噪声的形成机制

明，在风速 14 m/s 之下，风成噪声功率谱在 1~50 kHz 上具有常数的负斜率值，大约每十倍频程-15.7 dB。因此，风成噪声功率谱可以用 Vagle 算法[79]表示：海面风速和频率 8 kHz 谱级的关系为

$$U = \left[ 10\left( \frac{SPL_{8\,kHz}}{20} \right) + 104.5 \right] / 53.91 \qquad (4-14)$$

式中，$U$ 为 10 m 高度的风速（m/s）；$SPL$ 为声压级（dB $re$ 1 μPa$^2$/Hz）。

Ma 等[75]利用线性回归应用谱级斜率来计算各频率的风成噪声功率谱：

$$SPL_{wind\,1~50\,kHz} = slope_{wind}[\lg(f) - \lg 8] + SPL_{8\,kHz} \qquad (4-15)$$

式中，$slope_{wind} = -15.7$ dB/decade；$f$ 为频率（kHz）。

$$SPL_{8\,kHz} = 20\lg(U \times 53.91 - 104.5) \qquad (4-16)$$

因此，当存在风场时，可由上述公式计算风场引起的各频率的风成噪声功率谱，并应用能量谱去噪声的方法[80]剔除风成噪声的影响，获取比较干净的降雨噪声功率谱：

$$10\lg(P_{rain}^2) = 10\lg(P_n^2 - P_{wind}^2) \qquad (4-17)$$

式中，$P_{rain}$ 为降雨噪声功率谱；$P_n$ 为实测获取的背景噪声级；$P_{wind}$ 为风成噪声功率谱。

从能量和统计的观点来看，皆已说明了并非只要风速存在就会有显著的风成噪声产生。在风速过低的情况下，水下环境噪声并没有随风速变化而变化的趋势。关于能够产生风成噪声的有效风速临界值，有许多学者对此给出了研究结论。例如，Deane[81]研究海滩附近产生的风成噪声时，发现以 5 m/s 作为风成噪声的起始临界值；林文斐[41]测量了我国台湾以西海域的风成噪声，并通过相关性计算得出，当风速超过 4.684 m/s 时，水下的风成噪声才能因此而形成；叶治宏[82]则以风速 2 m/s 作为临界值，可见，当风速低至一定临界值时，风成噪声并不存在。本书为保证降雨噪声信号数据不被风成噪声干扰，采用了 2 m/s 作为临界值。即当风速小于 2 m/s 时，认为不存在风成噪声；当风速大于 2 m/s 时，需要考虑风成噪声的影响，采用上述公式剔除风成噪声功率谱的影响，或者直接删除被风污染的数据段。

## 4.6　本章小结

自然界降雨噪声数据的获取是开展降雨噪声特性研究的基础。虽然可从相关文献中获得降雨噪声测量的系统组成，但缺乏诸多实验细节。通过不断摸索，本章从实验测量角度介绍了两种降雨噪声的测量系统，从信号处理角度介绍了降雨噪声和气象数据的处理分析方法，具体包括：

（1）先后设计了降雨噪声的两种测量方式。记录和存储降雨噪声波形的设备要求具有宽频带、低噪声、低功耗、抗干扰强等性能，不同工作方式的数据采集系统决定了降雨噪声测量的水域适用环境。

（2）选择了降雨噪声的两个观测地点，并对两个观测点进行简要分析。

（3）介绍了获取降雨强度与风速的气象观测设备和数据处理方法。

（4）从理论上分析了水面降雨噪声观测范围的预估方法，有助于指导降雨噪声测量系统的实际布放。

（5）介绍了降雨噪声功率谱的数据处理方法和噪声干扰信号的剔除方法。

# 第5章　降雨噪声的功率谱分析

与单个水滴辐射的声信号相比，自然界降雨期间水听器接收的声压波形更复杂，因为它是大量雨滴作为点源各自辐射声信号并通过水中信道传输共同耦合的结果。事实上，降雨噪声可看成是一个随机过程，需要用各种统计量来表征。要在统计意义下描述一个随机信号，就需要估计它的功率谱密度。而对降雨噪声的了解，不应仅仅研究它的声辐射机制，更要研究它的功率谱特征，例如，降雨噪声的功率谱是何形态，在哪个频率（段）贡献最大，功率谱强度是否增加，增加多少，功率谱强度的增加与空中降雨强度的增加是否相关，等等。回答这些科学问题，有助于充分掌握降雨噪声特性。

## 5.1　实测降雨噪声的时域波形

降雨期间观测的噪声是大量统计独立的雨滴作为点源辐射声信号并共同贡献的结果，可表示如下[64]：

$$SPL(f) = \sum_i \pi V_T(D_i) n(D_i) S(D_i, f) \qquad (5-1)$$

式中，$SPL(f)$ 为频率 $f$ 的降雨噪声功率谱；$V_T$ 为某一雨滴粒径 $D_i$ 的终端速度；$n(D_i)$ 为某一时刻雨滴的粒径分布；$S(D_i, f)$ 为由单一雨滴产生的在指定频率 $f$ 下的平均功率谱密度；$\pi$ 为偶极子辐射的调整系数。

因此，一定深度的水听器所接收的声压波形，已经模糊了单个雨滴辐射噪声的各个细节及声压幅度较小的撞击波形。本书实测的自然界降雨噪声的时域波形（图 5.1）正是这种模糊效果的反映。与其他信号相比，它在时域上已较难区分是否为降雨噪声，也不再体现单个水滴辐射声信号时存在的两种波形：撞击声和气泡共振声。

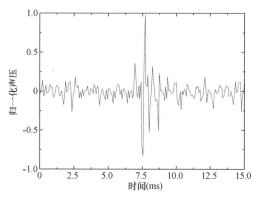

图 5.1 实际观测的降雨噪声时域波形

## 5.2 实测降雨噪声的功率谱

假设海面上均匀分布着密集的降雨噪声源，则海面每一单位面积（1.0 m²）在深度方向 1.0 m 处辐射的声强为 $I_0$[39]。根据 4.4 节关于降雨噪声水面测量范围的预估方法可知，当接收的降雨噪声约有 50% 来自水听器正上方附近时，降雨噪声的水面测量半径与接收深度大小一致。因此，若将水听器置于距水面 1.0 m 深的水中，则大约在水听器正上方的水面半径为 1.0 m 的圆面内可大体反映降雨噪声源特性。

通过对接收的降雨噪声信号开展功率谱估计，可获得降雨噪声在不同频率上的功率谱强度。图 5.2 展示了某次以毛毛雨为主的降雨期间捕捉的水下噪声功率谱三维图。该次降雨持续约 3.0 min。图中 $x$ 轴为时间轴，"时间序列"是指按时间排列的降雨噪声数据，单位为 min；$y$ 轴为频率轴，单位为 kHz；$z$ 轴为各时刻和各频率对应的降雨噪声功率谱强度，单位为 dB $re$ 1 $\mu Pa^2/Hz$。

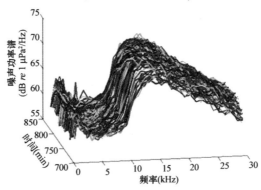

图 5.2　某次毛毛细雨期间实测的噪声功率谱

由图 5.2 可得，毛毛雨期间的噪声功率谱在整个分析频带上的分布差异较大。按照功率谱的变化趋势，本书大致将其分成三个频带：频带 2~8 kHz 的噪声功率谱较低，变化不大；频带 8~15 kHz 噪声功率谱呈陡峭的上升趋势，且在频带 13~15 kHz 中存一个明显的谱峰，谱峰比频带 2~8 kHz 的谱级高约 15 dB；频带 15~30 kHz 的噪声功率谱呈下降趋势，下降斜率绝对值较小，各频率对应的功率谱下降速率基本一致。

图 5.3 是自然界某次以大雨为主的降雨期间的噪声功率谱图，持续时间大约为 4.0 min。该次降雨事件直观上包含了毛毛雨—大雨—毛毛雨的降雨变化过程。从绘制的降雨噪声功率谱来看，在频

带 0~30 kHz 的分布上存在多种曲线形状，功率谱在时间域和频率域变化均十分显著。

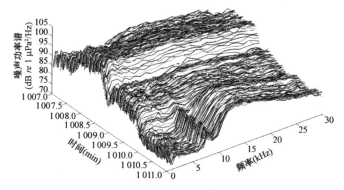

图 5.3　某次大雨期间实测的噪声功率谱

若从时间轴上看，图 5.3 中的 1 007.0~1 007.3 min（降雨之初约为 0.3 min）和 1 010.0~1 011.0 min（降雨结束前约为 1.0 min）时间段的功率谱在频带 0~30 kHz 上与图 5.2 的功率谱曲线较相似，但幅度有差别；在 1 007.5~1 010.0 min（降雨中间的 2.5 min）上的功率谱虽然变化较大，但谱级的形状在整个频率轴上趋于一致。

因此，根据人工感受的降雨类型和降雨噪声功率谱在不同频带的分布特征，图 5.3 中至少存在两种降雨类型下的噪声功率谱特征，如图 5.4 所示：当为毛毛雨（对应 1 007.1 min 的曲线）时，频带 2~8 kHz 的功率谱较小，频带 8~25 kHz 的功率谱曲线存在谱峰现象，且在谱峰的低频侧存在较陡的斜率，而在谱峰的高频侧上存在较缓的斜率；当雨大（对应 1 008.5 min 曲线）时，频带 2~8 kHz的谱级急剧升高，频带 8~25 kHz 的谱级也向上增加，整个频率域的谱级分布不再像毛毛雨那样存在峰值，而是呈线性下降趋势。

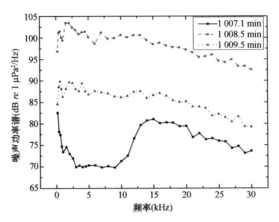

图 5.4　实测的降雨噪声在三个时间点的功率谱曲线

## 5.3　降雨噪声功率谱与降雨强度的同步关联

图 5.2、图 5.3 和图 5.4 所示的降雨噪声功率谱体现了降雨噪声的频率域上的谱分布。但是，不同降雨期间的噪声功率谱曲线在幅度上变化较大。如何表征这些看似杂乱的噪声功率谱曲线形状呢？这些噪声功率谱曲线是否与空中的降雨类型有关？如何将这些噪声功率谱与降雨类型建立联系？

Nystuen 等[64]认识到，降雨噪声的功率谱曲线与雨滴的粒径分布有密切关系（见 3.5 节），并给出宏观上降雨强度与雨滴分布的对应关系：

$$R = 6 \times 10 - 4\pi \int_D D^3 V_T(D) N(D) \mathrm{d}D \qquad (5-2)$$

式中，$R$ 为降雨强度（mm/h）；$D$ 为雨滴粒径（mm）；$V_T$ 为降雨的终端速度（m/s）；$N(D)$ 为雨滴的粒径分布。当存在较大雨滴时，$V_T$ 正比于 $\sqrt{D}$ [83]，因而 $R$ 正比于 $D^{7/2}$，使得降雨期间 $R$ 对较大尺寸雨滴的存在较为敏感。

为提取不同形状的降雨噪声功率谱曲线，在计算降雨噪声功率谱之后，采用按时间一致原则同步关联了降雨期间实测的重要气象信息——降雨强度。为阐明同步关联的步骤和方法，本书选择以图 5.3 为例。这是因为图 5.3 包含了不同降雨类型的噪声功率谱曲线，降雨强度与功率谱数据之间的取舍较为复杂。

首先，根据时间一致的原则绘制了降雨强度的时序图，如图 5.5 所示。其中每一个柱状框的面积（长×宽，即降雨强度×时间）表示在该时间段内翻斗式雨量计记录的降雨总量，虚线表示降雨强度的实际变化趋势。由图 5.5 可得，在 1 007.0 ~ 1 007.3 min 时间段的降雨强度为 18 mm/h，而 1 007.3 ~ 1 008.3 min 时间段的降雨强度为 36 mm/h。降雨强度最大的时间段发生在 1 008.3 ~ 1 008.7 min，达到 72 mm/h；降雨强度最小的时间段发生在 1 009.5 ~ 1 011.0 min，仅为 2 mm/h，这与我们在现场的直观感受基本一致：中间降雨时雨滴较大，倾盆而下，到降雨快结束时，则变为毛毛细雨。

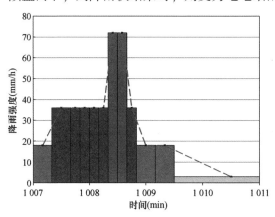

图 5.5　大雨期间对应的降雨强度

为了能清晰地区分降雨噪声的发生时段，将图 5.3 的降雨噪声三维功率谱图绘制为如图 5.6 的二维伪彩图。图中的颜色值表示噪声功率谱，颜色越红表示谱级越高。根据图中降雨强度数值差异，可将图 5.6 大致分成四个时间段：1 007.0~1 007.7 min、1 007.8~1 008.7 min、1 008.8~1 009.9 min 和 1 010.0~1 011.0 min。

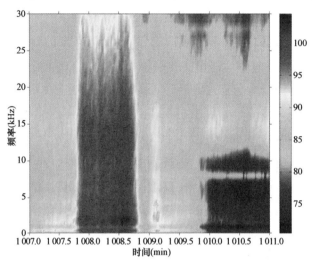

图 5.6　降雨噪声功率谱的二维伪彩图

对比图 5.5 和图 5.6 可知，至少存在三种不同类型的降雨噪声功率谱曲线：

（1）在 1 007.0~1 007.7 min 和 1 008.8~1 009.9 min 时间段中，降雨强度在 10~30 mm/h 范围内，功率谱在 80~90 dB，在整个频率域上分布较均匀，谱级在不同频带上的起伏也较小。

（2）在 1 007.8~1 008.7 min 时间段上，降雨强度较大（超过 36 mm/h），对应的功率谱也很高（一般超过 90 dB），并且功率谱随频率的增大缓慢下降。

（3）在 1 010.0～1 011.0 min 时间段上，此时降雨强度仅约为 2 mm/h，功率谱在不同频带上起伏较大，曲线与前两种类型差别较大，频带 0～10 kHz 的谱级较低，一般小于 80 dB；频带 10～20 kHz的谱级增加显著，高达 90 dB 以上；频带 20～30 kHz 的谱级则随频率的增加而缓慢降低。可见，降雨强度不同，产生的噪声功率谱曲线形状不同。

图 5.5 和图 5.6 中也存在部分时间节点不能完全对应的情形。造成不一致的原因是用于测量降雨量的基于翻斗式原理的雨量记录仪固有的测量误差引起的。因为在实际测量降雨时，翻斗式雨量记录仪每集满 0.1 mm 翻斗一次，送出一个信号，因此它每次实际记录的是降雨量。降雨强度是根据降雨量和采集时间间隔计算得到的。由此导致以下现象出现：当大雨事件发生时，翻斗式雨量记录仪累积 0.1 mm 的降雨量的时间短，在设定的采集时间间隔内可能有多次的信号输出，故降雨强度的计算精度较高，实时性好；当小雨或毛毛雨事件发生时，翻斗式雨量记录仪累积 0.1 mm 的降雨量需要很长时间，甚至可能需要连续几个小时才有信号输出，故由降雨量计算得到的降雨强度的平均效应强、实时性极差、计算精度低。因此，实际降雨越大，由降雨量计算得到的降雨强度与真实的降雨强度越一致。

对于翻斗式雨量记录仪来说，降雨量是积分量（每次集满 0.1 mm），而降雨强度是瞬态量，计算的降雨强度的平均效应受实际降雨大小的影响明显，当降雨量小时，不能完全真实地反映降雨的实时过程。因此，当两图中出现时间节点不一致的区间时，考虑缺乏降雨强度与噪声功率谱对应关系的先验知识，处理的原则是尽量选择中间时段的平稳信号，暂时放弃有争议的数据段，待总结出规律后，再重新进行取舍。

根据上述分析，在噪声功率谱与降雨强度同步过程中应选择噪声功率谱曲线形状较平稳、时间节点一致性较好的时段以提取典型降雨强度下的噪声功率谱数据。首先，在图 5.6 中选取四种降雨强度（2 mm/h、18 mm/h、36 mm/h、72 mm/h）的噪声功率谱曲线；其次沿频率轴上做切片，得到如图 5.7 所示的降雨噪声功率谱——频率的变化曲线类型。图 5.7 中 1 007.2 min、1 009.0 min 和 1 009.5 min 的曲线均为降雨强度为 18 mm/h 的功率谱，1 008.5 min 的曲线为降雨强度为 72 mm/h 的功率谱，1 010.5 min 的曲线为降雨强度为 2 mm/h 的功率谱（在 8 kHz 附近存在仪器脉冲干扰）。可见，不同降雨强度下的噪声功率谱在分析频带 0~30 kHz 具有可以区别的曲线形状。

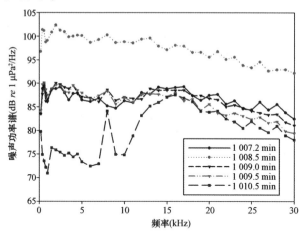

图 5.7　不同时间段的降雨噪声功率谱曲线

图 5.8 所示的是某次小雨的降雨强度变化过程，持续时间约 20.0 min，不同的颜色表示不同的降雨强度。其中，时间段 1 875.0~1 887.0 min 内主要以小雨为主，最高降雨强度不超过 3.5 mm/h；时

间段 1 895.0~1 900.0 min 内的降雨强度几乎为 0，表明降雨事件已结束。

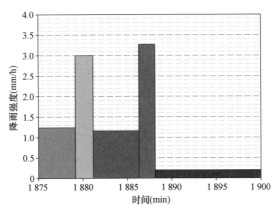

图 5.8　某次小雨结束期间的降雨强度变化

与图 5.8 对应的降雨噪声功率谱如图 5.9 所示。在时间段 1 875.0~1 887.0 min 内的小雨期间，噪声功率谱曲线类型基本一

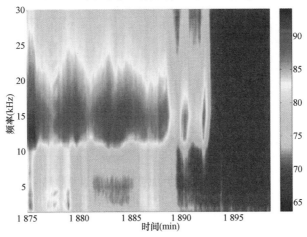

图 5.9　某次小雨结束期间的噪声功率谱变化

致，意味着不超过 3 mm/h 的降雨强度引起的噪声功率谱曲线类型
应属同一类。与此相反，在时间段 1 895.0～1 900.0 min，噪声功率
谱图的谱级较低（仅 65～70 dB），显得非常"安静"，因此可判定
为非降雨期间的水中背景噪声功率谱。

若从频率域角度上看，小雨期间的噪声功率谱具有与无雨时背
景噪声功率谱相互区别的明显特征。背景噪声功率谱在整个频带轴
上分布均匀，数值较低，而小雨期间的噪声功率谱在整个频带轴上
起伏较大，频带 0～10 kHz 的谱级较低，小于 80 dB；频带 10～
20 kHz 的谱级增加显著，高达 90 dB 以上；频带 20～30 kHz 的谱级
随频率的增加而缓慢降低，在频率 30 kHz 处，谱级低于 85 dB。该
种形状的功率谱曲线与图 5.6 中降雨强度约 2 mm/h 的功率谱曲线
特点基本一致。因此，通过对图 5.8 和图 5.9 的同步分析，可以初
步得到两类降雨噪声功率谱类型：非降雨期的水中背景噪声功率谱
和小雨期间（适用于降雨强度小于 4 mm/h）的噪声功率谱。

图 5.10 是某次大雨逐渐转为小雨的降雨强度变化图，持续时

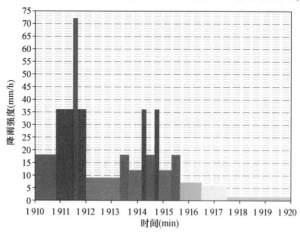

图 5.10　某次大雨转小雨期间的降雨强度变化

间约 10.0 min，降雨强度最小约 2 mm/h，最大达 72 mm/h。图中降雨强度变化的时间节点界限清晰，节点之间的持续时间大都达到 0.5 min 以上，表明降雨事件在整个周期内虽有变化，但在一定时间内相对稳定，有助于降雨噪声功率谱类型的同步提取。

图 5.11 是图 5.10 中对应同时期的降雨噪声功率谱的变化图。通过同步分析，可以把降雨噪声功率谱分成三种类型：①在时间段 1 910.0~1 910.6 min、1 912.0~1 913.2 min 和 1 915.0~1 916.0 min 间，降雨强度在 5~20 mm/h，噪声功率谱的曲线形状和在各频带上的谱级大小较为一致；②在时间段 1 910.6~1 912.0 min 内，降雨强度达到 36 mm/h，噪声功率谱明显高于其他时间段的功率谱，达到 90 dB 以上，并且随着频率的增加而逐渐下降；③在时间段 1 917.0~1 920.0 min 内，降雨强度低于 5 mm/h，噪声功率谱在频带 0~10 kHz 的谱级低于 80 dB；频带 10~20 kHz 的谱级增加显著，与图 5.9 中小雨期间的噪声功率谱形状一致。可见，若通过降雨强度与对应时间段的降雨噪声功率谱进行同步关联，有可能获得不同

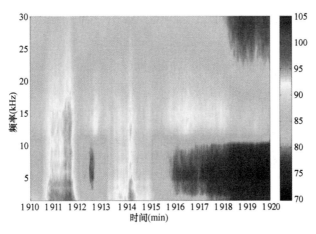

图 5.11　某次大雨转小雨期间的噪声功率谱变化

降雨强度下的噪声功率谱类型，进而得到不同降雨强度下的噪声功率谱特征。反之，若掌握了不同降雨条件下产生的噪声功率谱类型，也能较准确地估计空中降雨强度的变化过程。

## 5.4　不同降雨强度的功率谱特征

根据上一节介绍的方法，对所有测量的噪声功率谱数据与降雨强度进行关联，形成了一套包含降雨强度、测量时段、频率对应的噪声功率谱库。

为统计降雨期间不同强度下的功率谱特征，本书按照相同的降雨强度排序，分离出不同时段测量的噪声功率谱数据，并组成新的降雨噪声功率谱序列。按照降雨强度的顺序排列的噪声功率谱见图5.12、图5.13、图5.14和图5.15。为方便功率谱的比较，在各个图中设定的 $z$ 轴刻度范围（谱级）完全一致。

在图5.12中，所有噪声功率谱数据均来自非降雨期间的观测记录。由图中功率谱曲线在频率域上的分布可得，频带 0~30 kHz 对应的各个功率谱均较低，仅约为 70 dB，反映了水中安静的环境背景噪声级。

在图5.13中，所有降雨噪声功率谱数据均来自降雨强度为 9 mm/h（分布在不同降雨时间段）的观测记录。由图中功率谱曲线在频率域上的分布可得，频带 2~10 kHz 上的降雨噪声功率谱与图5.12中非降雨期间相同频带的功率谱基本一致，变化不大。但是，在频带 10~20 kHz 上功率谱变化较大，表现为：有一个非常明显的谱峰，峰值频率在 13~15 kHz 之间；在谱峰的左侧，存在陡峭的上升趋势，在谱峰右侧，谱级随频率线性下降，且下降速度比较缓慢。从时间序列来看，虽然这些功率谱来自不同降雨时段的观测数据，但当降雨强度一致时，其功率谱曲线在频率轴的分布总体上

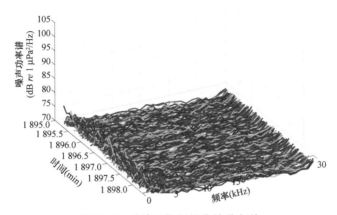

图 5. 12　非降雨期间的背景噪声谱

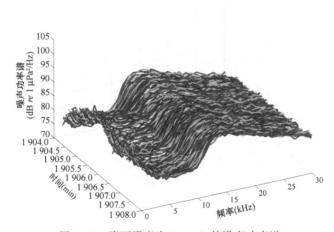

图 5. 13　降雨强度为 9 mm/h 的噪声功率谱

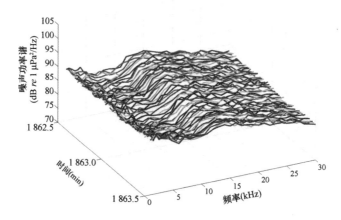

图 5.14　降雨强度为 18 mm/h 的噪声功率谱

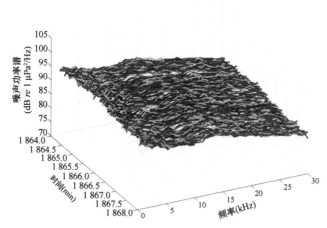

图 5.15　降雨强度为 36 mm/h 的噪声功率谱

表现为惊人的相似。

在图 5.14 中，所有降雨噪声功率谱数据均来自降雨强度为 18 mm/h（分布在不同降雨时间段）的观测记录。与图 5.13 相比，降雨强度增加了 1 倍（从 9 mm/h 增至 18 mm/h），噪声功率谱在频带 0~30 kHz 上分布有所不同，主要表现为：各个频率对应的功率谱均明显增加，但一些频带的谱级增长速率各不相同。低频带 2~10 kHz 的谱级增长速度较快（为 5~7 dB）；中频带 10~20 kHz 的谱峰幅度少量增长（为 1~2 dB）；高频带 20~30 kHz 的功率谱也同样只是少量增长，并且功率谱分布形状保持不变。从中可发现，虽然在中频带 10~20 kHz 上还存在谱峰现象，但并不像图 5.13 中的谱峰那样显著。这是左侧频带对应的功率谱增速较大的缘故。

在图 5.15 中，所有降雨噪声功率谱数据均来自降雨强度为 36 mm/h（分布在不同降雨时间段）的观测记录。当降雨强度由 18 mm/h 增至 36 mm/h 时，频带 2~30 kHz 的所有功率谱继续增加，但各频带谱级的增长速率不同：频带 2~10 kHz 的功率谱增长最快，频带 10~30 kHz 的功率谱增长速率较低，导致频带 10~20 kHz 上的功率谱峰消失。

为更清晰地比较不同降雨强度的功率谱曲线特征，我们从不同降雨强度的噪声功率谱中抽取了典型的曲线数据并绘制于同一坐标系中，如图 5.16 所示。图中，不同强度的降雨在水中产生的噪声功率谱在频域的分布形状差别较大，主要表现在：降雨强度为 0 mm/h 的功率谱在各个频带的谱级值均较低，反映了非降雨期间的水中背景噪声；当降雨强度只有 0.4 mm/h 时，噪声功率谱曲线的中高频带（>10 kHz）的谱级增加了 5~10 dB，并且存在明显的谱峰，反映了毛毛雨期间的噪声功率谱特征；当降雨强度达到 72 mm/h 时，频带 2~30 kHz 的谱级在各频率点均大幅度提高，达

107

30 dB以上，反映了大雨期间的噪声功率谱特征。由此可见，空中不同降雨类型在水中产生可相互区别的噪声功率谱形状。反之，降雨噪声的功率谱分布也能够大致反映空中降雨强度的大小。

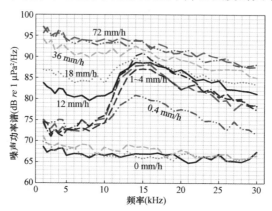

图5.16　不同降雨强度的噪声功率谱

那么，降雨期间在水中辐射的噪声功率谱类型如何界定呢？根据 Nystuen[69] 自然界雨滴的粒径分布与降雨噪声产生类型（见表3.1），结合本书降雨噪声功率谱的实际测量结果，初步分成三类，结果如图5.17所示。

第一类是降雨强度为 0.1~4.0 mm/h 的噪声功率谱，此类信号发生在毛毛雨期间。毛毛雨的雨滴粒径极小（一般小于1.2 mm），而小雨滴碰撞和飞溅产生的气泡直径也较小，尺寸相对均匀，且气泡振荡、破裂发出的声响较大，这些小雨滴谐振频率一般在 13~25 kHz之间，使得降雨强度较小时的噪声功率谱在约15 kHz处易呈现峰值，因此较高频带（>10 kHz）的功率谱急剧抬升，而较低频带（<10 kHz）的功率谱则相对平坦。

第二类是降雨强度在 4.0~18.0 mm/h 的噪声功率谱，此类噪

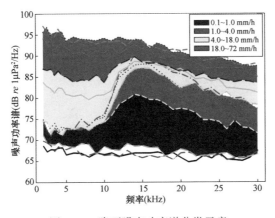

图 5.17　降雨噪声功率谱分类示意

声一般发生在小雨期间，降雨强度和雨滴粒径大小达到一定的规模，但数量仍然有限。此时较大雨滴撞击水面产生较低频的噪声，使得频带 2~10 kHz 的噪声功率谱迅速增加。从中还可以得到，小雨期间仍然包含相当数量的小粒径雨滴，使得中高频带的噪声功率谱得以维持或缓慢增加。

　　第三类是降雨强度大于 18 mm/h 的噪声功率谱，通常发生在暴雨或大雨期间，此时降雨过程中既包含较大粒径雨滴（>3.5 mm），又包含较小粒径雨滴。大粒径雨滴撞击水面的冲量较大，撞击和飞溅均会产生丰富的各种大小的气泡，而气泡的破裂和飞溅产生宽频带的噪声，使得整个频带的谱级急剧增加。由于降雨强度较大时大粒径的雨滴在数量上更丰富，捕获大气泡的概率也就更大，使得低频带 2~10 kHz 的谱级增长速率显著。

　　为实现降雨噪声功率谱和降雨类型的分类，一个可行的方法是在选定的某些频率上对噪声功率谱进行比较，并根据谱级大小识别降雨噪声类型[84]。Nystuen 和 Selsor[85]曾比较了 5 kHz 和 25 kHz 的降雨噪声功率谱，并认为当同时满足公式（5-3）和公式（5-4）两个条件时，可看成是大雨事件的发生，如图 5.18 所示。

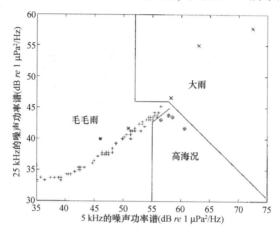

图 5.18　降雨和高海况（风速>10 m/s）的声学分类方法

$$SPL_{5\ \text{kHz}} > 52\ \text{dB} \qquad (5-3)$$

$$0.9SPL_{5\ \text{kHz}} + SPL_{25\ \text{kHz}} > 98 \quad 或 \quad SPL_{5\ \text{kHz}} > 46\ \text{dB}$$
$$(5-4)$$

借鉴类似方法，利用本书观测的降雨噪声功率谱数据，绘制了 5 kHz 和 20 kHz 的功率谱比较图（图 5.19）。图中不同颜色的值表示不同的降雨强度。选择这两个频率点是因为，不同降雨强度产生的噪声功率谱在频域上的分布差别较大，使得 5 kHz 和 20 kHz 这两个频率点的功率谱在反映降雨噪声功率谱曲线形状上有一定的代表性。从图中可得，当无降雨时，5 kHz 和 20 kHz 的谱级均较低；随着降雨强度的进一步增大，频带 10~20 kHz 谱级增大，出现谱峰，但 5 kHz 的谱级变化不大，因此反映在图中是 20 kHz 的谱级高于斜率为 1 的虚线；当降雨强度较大时（大于 18 mm/h），此时，频率点 5 kHz 的谱级逐渐升高，且增长速率远大于 20 kHz 的谱级，因此，反映在图中是在虚轴之下且功率谱较高。利用图 5.19 所示的功率谱所在的区域，可以初步定性判断降雨事件的发生情况。

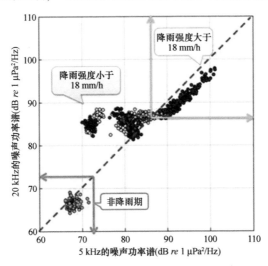

图 5.19　频率 5 kHz 和 20 kHz 对应功率谱的降雨事件分类示意

## 5.5　噪声功率谱与降雨强度的相关性分析

为利用噪声功率谱预测海上降雨强度，Nystuen 等[64]曾计算了噪声功率谱与降雨强度的相关性，并指出：频带小于 10 kHz 的功率谱，即使是在高海况（风速>10 m/s）下，功率谱与降雨强度也有较高的相关性；而频率 10 kHz 以上的功率谱，在大雨期间的相关性较低。本书同样利用观测的降雨噪声功率谱数据，开展了各个频率对应噪声功率谱与降雨强度的相关性分析。线性回归的理论推导如下。

设实验观测数据为 $y_i$，理论预测数据为 $\hat{y}_i$，可求得实际值与预测值的残差

$$res_i = y_i - \hat{y}_i \qquad (5-5)$$

它满足正态分布。利用最小卡方系数 $\chi^2$ 求得残差的最大似然比

$$\chi^2 = \sum_{i=1}^{n} w_i (y_i - \hat{y}_i)^2, \quad w_i = 1/\delta_i^2 \qquad (5-6)$$

式中，$\delta_i^2$ 为实际观测数据的方差；$w_i$ 为权重系数。

利用最小卡方系数 $\chi^2$ 来衡量拟合结果显然是不够的，因此需要另一个系数检测指标，即相关系数的平方 $R^2$。一般说来，当 $R^2$ 接近 1 时，拟合效果较好。考虑到拟合的自由度 $df$，为实现更好的检测效果，应用修正的 $R^2$

$$R^2 = 1 - \frac{RSS/df_{\text{Error}}}{TSS/df_{\text{Total}}} \qquad (5-7)$$

$$TSS = \sum_{i=1}^{n} (y_i - \bar{y}_i)^2, \quad RSS = \sum_{i=1}^{n} (y_i - \hat{y}_i)^2 \qquad (5-8)$$

至此，利用最小卡方系数 $\chi^2$、修正的相关系数 $R^2$ 和自由度 $df$ 联合检验，结合显著性检验方法（$t$-test）检查线性拟合结果。

例如，频率 5 kHz 的功率谱与降雨强度的相关性如图 5.20 所示，其相关系数约为 0.9（$R^2 = 0.81$）。

通过计算所有频率对应的噪声功率谱与降雨强度的相关系数，可获得图 5.21。可得，低于 1 kHz 的功率谱与降雨强度相关性较差，表明低于 1 kHz 的噪声源不是降雨产生的；1~10 kHz的功率谱与降雨强度的相关性最好，$R^2$ 达到 0.8 以上；高于 10 kHz 的功率谱与降雨强度的相关性变化较大，特别是在频带 10~20 kHz 时，由于存在功率谱峰，它的相关性反而最低。由此表明，在小雨或毛毛雨期间虽然存在明显的功率谱峰，但不能简单地利用谱峰附近频带

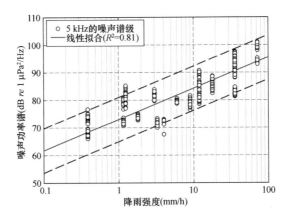

图 5.20　频率 5 kHz 对应的功率谱与降雨强度的相关性

的功率谱来量化反演降雨强度。这是因为在大雨或暴雨期间，频带 10~20 kHz 不出现谱峰，即功率谱峰现象的存在并非所有降雨类型的共性。

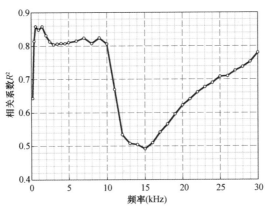

图 5.21　频带 1~30 kHz 对应的功率谱与降雨强度的相关系数

## 5.6 本章小结

本章主要从功率谱角度分析降雨噪声的特征。包括以下几方面。

（1）分析了不同降雨期间噪声功率谱在频域上的变化。

（2）阐述了降雨强度与噪声功率谱的同步关联的方法与步骤。

（3）统计并提取不同降雨强度下的噪声功率谱类型，建立降雨强度与噪声功率谱曲线之间的分类，大致把降雨噪声功率谱分为三大类型：一是降雨强度为 0.1~4.0 mm/h 的噪声功率谱，其特点是在频带 13~25 kHz 之间存在较高幅度的谱峰；二是降雨强度在 4.0~18.0 mm/h 的噪声功率谱，其特点是除了继续存在 13~25 kHz 的谱峰外，频带 2~10 kHz 的功率谱也迅速增加；三是降雨强度大于 18.0 mm/h 的噪声功率谱，其特点是在整个频带上谱级都较高，比无雨时的背景噪声功率谱增加了 20~30 dB。

（4）初步建立降雨强度与噪声功率谱的关系。通过分析 1~30 kHz 内各个频率的噪声功率谱与降雨强度的相关性，表明频带 1~10 kHz 对应的噪声功率谱与降雨强度的相关性最好。

# 第6章 降雨噪声源强度的提取方法研究

在降雨噪声相关文献[1,21]中，同一降雨强度产生的噪声功率谱及频域上的谱分布差别显著，这是把水听器接收的降雨噪声直接当作海面降雨噪声源所致。事实上，降雨作为海面噪声源，与接收器之间存在多条声传输路径，而每条声传输路径的声能衰减各不相同；即使同一条声传输路径，也会因声波频率的海水吸收系数的不同，导致接收声能在强度上的差异。此外，在海洋环境噪声数值模型中的输入参数中，同样需要确定海面降雨噪声源的源级。

因此，为获得准确的海面降雨噪声源强度，需要研究从某个接收深度上的降雨噪声数据中提取海面降雨噪声源强度的方法。

## 6.1 海面降雨噪声源模型

### 6.1.1 降雨噪声源强度

海面噪声源模型有两种：一是假定统计相关的无指向性点源分布于海面之下某一深度的无限平面上；另一种是假定统计独立的指向性点源直接分布在海面上。Ligget 和 Jacobson[86]已证明上述两种海面噪声源模型的等价性。

从海洋动力学噪声各种特性的实验研究结果来看，可以把降雨

115

引起的噪声信号看作是一种海面噪声源，并且分布在海面附近一薄层内。因此，海面降雨噪声源可认为是这样分布的：在海表面以下 $z'$ 深度处一个平行于海面的无限大平面上，每一点对应着一个强度为 $S_\omega(\vec{r}, t)$ 的单极子源，由于海面是压力释放表面，这些单极子源将以偶极子形式与海水发生耦合。因此，海表面偶极子的声压辐射表达式为[87]

$$|p_d{}^2| = k^2 D^2 \cos^2(\theta)(1 + 1/k^2 r^2)/r^2 \qquad (6-1)$$

式中，$p_d$ 为偶极子源辐射的声压；$k$ 为波数；$D$ 为两极子的间隔；$r$ 为传播距离。

在海表面以下 $z'$ 深度处，降雨噪声源以单极子形式辐射，声压可表示为[87]：

$$p = [p_0 \exp(ikr_0)/r_0] \cdot [\exp(-ik\delta z \cos\theta) + \exp(ik\delta z \cos\theta)]$$

$$\rightarrow |p^2| \cong (p_0/r_0)^2 [1 + \mu^2 + 2\mu - 4\mu \sin(k\delta z \cos\theta)]^2$$

$$(6-2)$$

式中，$p_0$ 为单极子源的强度；$\delta z$ 为间距；$\mu$ 为表面反射系数。在实际中，当海况增加时，形成了声衰减的微气泡层，减少低掠射角的声波辐射，因此，反射系数 $\mu \approx -1$，

$$|p^2| \cong (2p_0/r_0)^2 \sin(k\delta z \cos\theta)^2 \rightarrow (2p_0/r_0)^2 (k\delta z \cos\theta)^2$$

$$(6-3)$$

公式（6-3）要求声源和位置在水面之下。

直接测量平均面积上的噪声源强度极其困难，原因是大部分的观测系统没有足够的分辨力以获得垂向的掠射角。

声源强度通常定义为

$$SL = 10 \lg \frac{1\text{m 处的声强}}{\text{参考声强}} \qquad (6-4)$$

当声源为宽带时，单个点源的声源级表示为 $SL@1\text{ m}$。

116

因此，对于分布在一定面积上的相互独立的海面噪声点源，它们的声源级可定义为单位面积上的平均噪声源级[87]，即 $SL@$ $1\ \mathrm{m}//\mathrm{m}^2$。

## 6.1.2 降雨噪声源指向性

本书假设统计独立的指向性点源均匀分布在海面上，单个声源具有向下辐射的单边指向性，声压指向性函数为[76]

$$D(\alpha,\ \varphi) = \begin{cases} 0 & \alpha < 0 \\ E\gamma(\alpha) & \alpha > 0 \end{cases} \qquad (6-5)$$

式中，$\alpha$ 为水平掠射角，向下为正，$\gamma(\pi/2)=1$；$E$ 为零均值的随机变量，设海面上单位面积的噪声源平均数为 $N$，则 $\delta = N < E^2 >$ 表示单位面积噪声源在垂直下方单位深度处的辐射声强，此处的 $<>$ 表示统计系综平均。

## 6.1.3 海面噪声源的射线理论表达式

若不管海表面噪声源发声的机理，则海面噪声实际上是研究平面分布的噪声源所产生的声波在非均匀海洋介质中的传播问题。因此，射线理论与简正波理论是分析海洋声波传播最常用的两种基本方法。射线方法是波动解的高频近似，能获得物理意义比较明晰的结果，适合于计算具有大掠射角的近源噪声场，但不适于分析波导、焦散面上的声场。简正波方法原则上可用来计算远源（小掠射角）与近源（大掠射角）噪声场的贡献，但必须同时计算离散与连续简正波，而后者的计算相当繁难[76]。

设海洋水平分层介质，海洋特性仅与深度有关。海水声速为 $c(z)$，密度为常数，海深为 $h$，海面与海底反射系数分别为

117

$-V_s(\alpha_s)$ 和 $V_b(\alpha_b)e^{-i\varphi}$，此处 $\alpha_s$ 和 $\alpha_b$ 分别为射线在海面与海底的掠射角，$V_s$ 和 $V_b$ 皆为正实数，如图 6.1 所示。

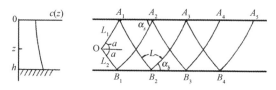

图 6.1　海面声源的传播声线示意

左图为声速剖面，右图为声线图

按照射线理论，从某一方向上接收到的声能流是来自海面不同区域的噪声源所辐射的声能的叠加。从 $A_1$、$A_3$、$A_5$……辐射的声能流以同一掠射角 $-\alpha$ 到达接收点，从 $A_2$、$A_4$……辐射的声能流以掠射角 $\alpha$ 到达接收点。考虑到声线管的弯曲以及海面与海底反射损失的影响，可计算出从给定方向单位立体角内到达接收点 O 的噪声强度[76]

$$I_h(z) = \pi\delta \int_{\alpha_c}^{\pi/2} \frac{(1 + V_b^2)\cos\alpha\sin\alpha\gamma^2(\alpha_s)\,\mathrm{d}\alpha}{V(\beta + \alpha)S(\alpha)\,[D(0) + \sin^2\alpha_s]^{1/2}\,[D(z) + \sin^2\alpha]^{1/2}}$$

$$(6-6)$$

$$S(\alpha) = 2\int_0^\eta \frac{k\cos\alpha\,\mathrm{d}y}{\sqrt{k^2(y) - k^2\cos^2\alpha}} \qquad (6-7)$$

$$\beta = -\ln(V_sV_b)/S(\alpha) \qquad (6-8)$$

$$D(z) = 0.875\left|\frac{2}{\omega}\frac{\mathrm{d}c}{\mathrm{d}z}\right|^{2/3} \qquad (6-9)$$

式中，$\omega = 2\pi f$ 为角频率；$k(z) = \omega/c(z)$ 为波数；$\alpha_s$ 为 O 点到达海面的极限声线掠射角；$\eta$ 为声波的反转深度。

## 6.2　降雨噪声源强度的提取方法

### 6.2.1　降雨噪声源强度提取的影响因素

海面降雨噪声源强度可定义为海面上单位面积降雨噪声在垂直下方 1 m 深度处的辐射声强 $I_0$。

若已知海面降雨噪声源强度 $I_0$，则可以由海面声源模型和海面声源的射线理论表达公式（6-6）计算得到接收器的降雨噪声强度。反之，若已知一定位置（深度 $h$ 和距离 $r$）的接收器获得的降雨噪声强度 $I(r, h)$，要从 $I(r, h)$ 逆推获得海面降雨噪声源强度 $I_0$，一般有两个方法：①利用公式（3-14），但需要获取降雨期间的雨滴粒径分布和雨滴的终端速度等参数，这种方法在实际中难以实现；②结合声传播模型逆推获得，但是，一定深度和距离的降雨噪声强度 $I(r, h)$ 不能简单地由海面降雨噪声源强度 $I_0$ 直接衰减一定数值获得，因为海洋中声波的传播除了存在不同频率信号的衰减外，还和多径传输等因素有关。

在实际测量中，除了衰减和多径传输两个影响因素外，所获得降雨噪声强度的真实性和准确性还受到其他大量不可控测量因素的影响，主要如下。

（1）测量海区：包括水深、地形地貌、离海岸远近、海底的声学性质、海流的存在及稳定性、周围海区的声波传播条件和生物的聚集程度等。

（2）测量时间：声速分布在昼夜、不同的季节等都会有所不同。

（3）水文气象参数：声速与深度的关系、水中的气泡数量及尺寸分布、降雨强度与雨量、风速与风的稳定性等。

（4）实验条件与方法：水听器的放置深度、水绕过水听器的流速、悬挂水听器的方法及位置的稳定性，如果水听器放在海底，还需要考虑来自海底影响的特性。

因此，理论上只有在获取水听器的噪声信号后同时获得所有环境参数，才能全面准确地获取指定区域的降雨噪声声源特性和水体传播信息。

对于降雨噪声的实际测量，本书整理了国外学者在各实验中的主要环境因素，见表 6.1。由表可得，至少存在以下几个重要环境要素的差别，而这些差别会影响海面降雨噪声源强度的提取精度。

（1）水体类型。淡水环境和海水环境在声吸收衰减系数和声速剖面结构上有较大不同。通常海水的声吸收系数远大于淡水，特别是频率高的声波在海水中的衰减更大。表 6.1 中，降雨噪声的观测区域有 5 个在淡水湖，其余为海水水域。

（2）水域深度。水域深度不仅影响水听器布放深度，而且影响降雨噪声传播的路径。表 6.1 中的测量水域深度大都在几十米以内，仅有一个观测在 3 000 m 的深海。

（3）沉积物类型。浅海和淡水湖的水底作为声传播的边界，其沉积物类型和相应的底质声学特性对声波的衰减产生较大影响。表 6.1 中的各实验只有少量实验有介绍水底的底质类型或声反射系数。

（4）声速剖面。声速剖面的结构不同，影响声波传播的路径，进而影响声能衰减和多径传输。

（5）接收深度。即使在其他条件一致的情况下，水听器接收深度的不同也会导致同一频率的降雨噪声功率谱不同。例如，图 6.2 是在淡水湖的测量结果[24]。尽管两个水听器的深度仅相差 4.5 m，但接收深度为 5 m 的降雨噪声功率谱幅度在较高频带上比接收深度

## 表 6.1　各学者在自然界降雨噪声观测中的主要环境参数

| 实验时间 | 实验的水域类型 | 水域深度 | 实验区域的底质类型 | 水听器深度 | 声速剖面 | 文献出处 |
| --- | --- | --- | --- | --- | --- | --- |
| 1955 年 | 淡水湖 | 36.5 m | 沙质湖底 | 35 m | 无 | Heindsmann 等[14] |
| 1969 年 | 淡水湖 | 10 m | 垂直反射+1.4 dB | 5 m | 无 | Bom[10] |
| 1982 年 11 月 | 淡水湖 | 8 m | 厚泥质湖底 | 7.5 m | 无 | Nystuen[1] |
| 1985 年 3 月 | 淡水湖 | 35 m | 无 | 34.3 m | 等温层 | Scrimger 等[21] |
| 1987 年 7—9 月 | 淡水湖 | 7.6 m | 泥质湖底 | 0.5 m 和 5 m | 无 | Laville 等[24] |
| 1987 年 11—12 月 | 浅海 | 55 m | 无 | 54 m | 水听器所在深度为等温层 | Scrimger 等[88] |
| 1984 年 11 月 | 浅海 | 12 m | 无 | 3~4 m | 无 | Shonting 和 Middleton[89] |
| 1990 年 5—8 月 | 浅海 | 未知 | 无 | 10 m | 无 | Nystuen[90] |
| 1990 年 8—9 月 | 浅海 | 13.5 m | 无 | 13 m | 无 | Nystuen 等[64] |
| 1992 年 4 月 | 海洋 | 未知 | 无 | 100 m | 无 | Nystuen 和 Selsor[85] |
| 1998 年 | 海洋 | 未知 | 无 | 20 m 和 22 m | 无 | Nystuen 等[6] |
| 2004 年 1—4 月 | 深海 | 3 000 m | 无 | 60 m、200 m、1 000 m 和 2 000 m | 上层 200 m | Anagnostou 等[91]； |
| 2004 年 4—9 月 | 浅海 | 70 m | 无 | 22 m | 为等温层 | Nystuen 等[5] |

121

0.5 m 的功率谱幅度小 4~5 dB。图 6.3 中也反映了类似的结果：接收深度为 60 m 和 1 000 m 的噪声功率谱在同一降雨条件下的频域分布差别较大[76]。

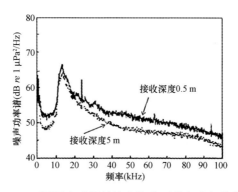

图 6.2　不同深度观测的淡水湖降雨噪声功率谱曲线

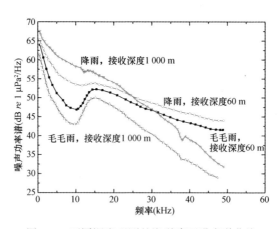

图 6.3　不同深度观测的海洋降雨噪声谱曲线

## 6.2.2　现有降雨强度反演公式的缺陷

为了进一步说明降雨噪声源强度提取的必要性，下文简要分析目前基于降雨噪声强度反演海上降雨强度的数学公式。这些反演公式和系数是国外学者基于大量实测的降雨噪声强度数据而统计分析得到的。尽管如此，这些反演公式仍然存在无法广泛应用的问题，表现如下：

1993 年，Nystuen 等[64]利用在墨西哥湾的测量结果进行研究，认为大雨的降雨强度与降雨噪声功率谱在 4~10 kHz 之间的相关性最好（相关系数达 0.8 以上），并给出通过降雨噪声功率谱预测大雨天气下水面降雨强度的半经验公式：

$$\lg R = (SPL_{5.5\,\text{kHz}} - 51.9)/10.6 \qquad (6-10)$$

式中，$R$ 为降雨强度，mm/h；$SPL_{5.5\,\text{kHz}}$ 指在 5.5 kHz 处的降雨噪声功率谱，dB $re$ 1 $\mu Pa^2$/Hz。文献［76］指出，该算法适用于降雨强度大于 10 mm/h 的情况。

1996 年，Nysuten 等[77,90]基于迈阿密附近盐湖的实验结果，提出了修正的经验公式，并将其应用于声学雨量计的研制当中。

$$\lg R = (SPL_{5\,\text{kHz}} - 50)/17 \qquad (6-11)$$

与公式（6-10）不同的是，该公式所采用的降雨噪声功率谱的频率由原来的 5.5 kHz 改为 5 kHz，其他系数也进行了相应修改。

2000 年，Nystuen 等[6]根据南海季风实验的实测结果，将算法改为

$$\lg R = (SPL_{4\sim 10\,\text{kHz}} - 57)/13 \qquad (6-12)$$

式中，$SPL_{4\sim 10\,\text{kHz}}$ 是指在 4~10 kHz 处的降雨噪声功率谱。

2005 年，MA 等[75]利用在西太平洋暖池测量的降雨噪声谱和降雨强度，又将公式修改为

$$\lg R = (SPL_{5\,kHz} - 42.4)/15.4 \qquad (6-13)$$

公式（6-10）~ 公式（6-13）都可归结于以下数学函数形式

$$\lg R = (SPL_{c\,kHz} - a)/b \qquad (6-14)$$

式中，$a$ 为截距；$1/b$ 为斜率；$c$ 为某孤立频率点或频带。

对比上述公式可得，反演公式（6-10）~ 公式（6-13）虽然在函数形式上始终保持一致［见公式（6-14）］，但是，反演的各系数（$a$、$1/b$ 和 $c$）却总是不断地变化。

为何会出现系数不一致的现象？频率点 $c$ 具有一定随意性？为何某一公式不能遍适用于各种海域？问题出在哪里？

首先，分析表明：①各学者观测的降雨噪声数据是可靠的；②实测的降雨噪声功率谱在频率域上的分布基本一致，反映在反演的降雨强度公式在函数形式上并无差别，也说明了尽管在不同水域测量降雨噪声，但降雨噪声的规律还是有迹可循。

因此，出现系数不一致的问题体现在 $SPL_{c\,kHz}$ 参数上。$SPL_{c\,kHz}$ 是在频率 $c\,kHz$ 处的降雨噪声功率谱，它是从一定深度 $h$ 和距离 $r$ 的接测量的降雨噪声强度 $I(r, h)$ 中计算得到

$$SPL_{c\,kHz} = 20\lg\big[ I_{c\,kHz}(r, h) \big] \qquad (6-15)$$

可见，当实验环境改变时，$SPL_{c\,kHz}$ 在数值上差别较大。正是 $SPL_{c\,kHz}$ 在测量结果的随意性导致了不同实验的反演系数的不断变化，直接导致了反演的公式不具有普遍适用性，无法得到广泛应用的后果。造成这种现象出现的原因是各学者在进行降雨噪声数据信号处理时，通常仅将所测量的噪声信号经功率谱变换方法得到功率谱后直接与同步实测的气象信息匹配，极少考虑因观测环境条件的不同需要对接收的降雨噪声功率谱幅度进行校正以剔除降雨噪声在水中传播过程的衰减。也就是说，多数文献中的一定深度观测的降雨噪声强度大都直接被当成海面降雨噪声源强度，造成了不同文献

中的降雨噪声源功率谱曲线在数值上和形状上差别较大。

因此，若要获得准确的降雨强度反演公式，需要改变 $SPL_{c\,kHz}$ 的含义

$$SPL_{c\,kHz} = 20\lg(I_0) \qquad (6-16)$$

式中，$I_0$ 为海面降雨噪声源强度，是指海面上单位面积降雨噪声在垂直下方 1 m 深度处的辐射声强，它不随距离、深度、水体类型等因素而改变，具有良好的稳定性和可比性。

然而，由此引出的另一个问题是，在实际测量中如何获取 $I_0$？纵观所有降雨噪声文献，缺少相关内容的介绍。因此，为提取降雨噪声源强度，本书自主推导了以下理论方法。

## 6.2.3　降雨噪声源强度提取方法理论推导

从水声传播理论出发，海面噪声源和一定深度的接收器之间尽管存在衰减和多径传输，但二者之间的声能损失可用传播损失 $TL$ 来表达

$$TL = 10\lg\frac{I(r,\ h)/I_{ref}}{I_0/I_{ref}} = 10\lg\frac{I(r,\ h)}{I_0} \qquad (6-17)$$

在实际测量中，传播损失 $TL$ 除了与距离 $r$、频率 $f$、水听接收深度 $h$ 有关外，还与海洋环境息息相关。

由于 $TL$ 为对数值，为便于数学表达，改写为

$$C = 10^{-TL/10} \qquad (6-18)$$

式中，$C$ 被定义为声能损耗系数，指从海面降雨噪声源到接收器之间的声强衰减。式中的负号表示声强是损耗的。

传播损失 $TL$ 是从单一点源推导的，但对于海面降雨噪声源，不是简单的点源，无法通过点源公式直接计算获得。在水听器接收的降雨噪声信号中，也不是某一雨滴产生的声信号通过信道传输的

结果，而是由大量雨滴共同贡献的结果。

因此，引出另一个问题：如何将降雨噪声源与传播损失 $TL$ 结合在一起？以下为解决该问题的推导过程。

1. 基于无指向性水听器接收的声压信号

如图 6.4 所示[54]。$z'$ 的范围虽然变化很大，但通过对偶极子源的大量的实验表明[87]，$z'$ 是与频率有关的参数，$z' \approx \lambda/4$，$\lambda$ 为单极子源辐射的声波波长。

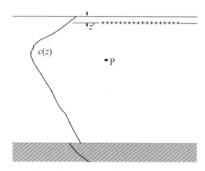

图 6.4　海面降雨噪声源分布问题的几何表示

设无指向性水听器 P 的深度为 $h$，以水听器 P 所在位置垂直方向的海面为圆心（O 点），如图 6.5 所示。设半径为 $r$ 的圆环上，

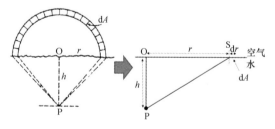

图 6.5　降雨噪声的传播路径几何关系示意

每一单位面积在深度方向上 1 m 处辐射的降雨噪声源强度为 $I_0$，无指向性水听器 P 接收的从海面上单位面积上的噪声强度为 $I_{omni}$，则

$$I_{omni} = CI_0 \tag{6 - 19}$$

式中，$C$ 为海面上降雨噪声源强度 $I_0$ 从 S 点传播至 P 点的声能损耗系数，包括几何损失、海面损失、海底损失和吸收损失等。

那么，若半径为 $r$，宽度为 $\mathrm{d}r$ 的海面上圆环面积 $\mathrm{d}A$ 内的统计独立的噪声源强度为 $I_s$（以单位面积的噪声源强度 $I_0$ 作为一个统计单元），

$$I_s = 2\pi r \mathrm{d}r \cdot I_0 \tag{6 - 20}$$

海洋中任意接收点处（P 点）的声场是所有海面噪声源共同作用的结果。忽略各点源之间的耦合，圆环所围面积内的噪声源共同辐射声场至 P 点，可以求得无指向性水听器 P 点的噪声源强度为

$$I_{omni}^{hr} = CI_s = 2\pi r \mathrm{d}r CI_0 \tag{6 - 21}$$

故以 O 点为轴心的一定距离 R 上分布均匀的降雨噪声传播至 P 点，接收到的降雨噪声强度为

$$I_{omni}^{htotal} = \int_0^R I_{omni}^{hr} = \int_0^R 2\pi I_0 C \cdot r \mathrm{d}r = 2\pi I_0 \int_0^R C \cdot r \mathrm{d}r \tag{6 - 22}$$

则有

$$I_0 = \frac{1}{2\pi \displaystyle\int_0^R C \cdot r \mathrm{d}r} I_{omni}^{htotal} \tag{6 - 23}$$

海面上半径为 $R$ 的圆面积内的降雨在深度方向上 1 m 处辐射的降雨噪声总强度为 $I_R$，有

$$I_R = \pi R^2 I_0 = \frac{R^2}{2\displaystyle\int_0^R C \cdot r \mathrm{d}r} I_{omni}^{htotal} \tag{6 - 24}$$

$I_{omni}^{htotal}$ 可由无指性水听器接收的声压直接计算得到，若已知声能

损耗系数 $C$ 和海面降雨半径 $R$，可计算海面半径为 $R$ 的圆面积内降雨辐射的噪声总强度 $I_R$ 和单位面积上的平均降雨噪声源强度 $I_0$。

由 $I_0$ 表示的降雨噪声源强度不再与水听器深度、海洋边界条件、声速剖面等参数有关，仅与实际气象条件相关，达到了提取海面降雨噪声源强度的目的。

2. 基于有指向性水听器接收的声压信号

若 P 点的水听器是有指向性的，则 P 点的接收声场示意如图 6.6 所示。水听器的指向性系数可由公式（6-25）表示

$$D(k, \theta) = \frac{2J_1(ka\sin\theta)}{ka\sin\theta} \qquad (6-25)$$

式中，$J_1$ 为贝塞尔函数；$a$ 为水听器的半径；$\theta$ 为水声场在水听器的入射角；$k = 2\pi f/c$ 为波数；$f$ 为频率；$c$ 为水中的声速。

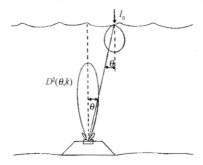

图 6.6　有指向性水听器接收来自海面降雨噪声示意

因为对于无指向性水听器来说，$D=1$，因此，有指向性的水听器接收到的降雨噪声强度为

$$I_{dir} = I_{omni}D^2(k, \theta) \qquad (6-26)$$

即，$I_{omni} = I_{dir}/D^2(k, \theta)$，代入公式（6-23），并进行类似的推导，可得

$$I_0 = \cfrac{1}{2\pi \displaystyle\int_0^R C \cdot D^2(k, \theta) r \mathrm{d}r} I_{htotal}^{dir} \qquad (6 - 27)$$

# 6.3　降雨噪声源强度提取方法的数值验证

检验降雨噪声源强度提取方法的正确性至少需要两个深度以上的同一降雨期间的噪声实测数据，以做比较。通常，实测的降雨噪声数据来源可从两方面获得：一是本书现场测量的多个深度的降雨噪声数据；二是从历史公开文献中提取其他科学家测量的多个深度的降雨噪声数据。本书由于受限于降雨噪声数据获取过程中的种种困难，目前暂时缺少现场的多个深度的降雨噪声。因此，拟提取历史公开文献中其他科学家的测量数据。纵观历史上所有已公开的文献，仅发现两篇文章介绍了多个深度的降雨噪声测量，如下：

（1）1987年7—9月，Laville等[24]开始在淡水湖面开展降雨噪声的实际观测，他们首次采用了两个接收水听器，接收深度分别为0.5 m和5 m。

（2）2004年，Nystuen等[92]开始在希腊海岸西南的爱奥尼亚海进行降雨噪声的测量。该测量实验共设置了接收深度为60 m、200 m、1 000 m和2 000 m的四个水声记录仪，其中接收深度60 m和1 000 m的降雨噪声功率谱数据在公开文献中可以提取。

基于以上考虑，本书选取了与这两个实际测量数据有关的案例进行数值仿真，并用测量数据进行检验。

## 6.3.1　深海海面降雨噪声源的计算与检验

根据 Nystuen 等[92]对海洋环境的描述，希腊海岸西南的爱奥尼亚海的水深超过 3 000 m。通过测量上层水文环境（500 m以浅）

的温盐数据，发现上层水层约 50 m 为混合层。因此，为利用声传播模型进行数值计算，本书模拟以下海洋环境：海深为 3 400 m，海底为刚性海底，海面为均匀的降雨噪声源，如图 6.7 所示，声速剖面参考 Munk 和 Baggeroer[18] 的深海声速类型，但在上层水中加入了厚度为 50 m 的混合层声速变化值。

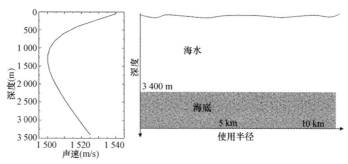

图 6.7　深海海面降雨噪声的仿真环境（声速及地形）

首先，结合海洋水声传播模型，通过计算机对降雨噪声的声线传播路径和不同深度的接收器所获得的声能变化等内容进行了计算。由于水深较大，经海底反射后的声能量比直达声小得多，为分析问题方便，本书仅绘制海面降雨噪声的直达声线传播路径，如图 6.8 所示。由图可得，降雨噪声由于受到垂直声速剖面结构的影响，在四个不同接收深度上的声能分布差别较大。接收深度为 60 m 的水听器主要接收来自海面 [0，π/2] 内的水平距离较近的降雨噪声；接收深度为 200 m、1 000 m 和 2 000 m 的水听器不仅接收垂直于水听器的近距离海面的降雨噪声，而且可以接收较远水平距离的降雨噪声。通常，越深的水听器，接收的降雨噪声的海面水平分布范围越大。

因此，不同接收深度所接收的降雨噪声信号，反映了不同的海

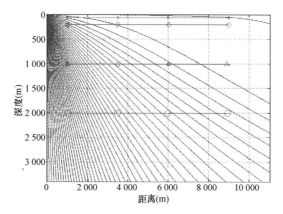

图 6.8　海面降雨噪声在深海海域的传播声线图

＊表示 60 m 接收器的所处深度；◇表示 200 m 接收器的所处位置；

△表示 1 000 m 接收器的所处位置；○表示 2 000 m 接收器的所处位置

面降雨噪声源分布范围，如图 6.9 所示。通常，越浅的水听器接收的声压反映的是海面局地的降雨噪声源特性，越深的水听器接收的声压反映的是较大海面范围内的降雨噪声源平均特性。由此，不同深度的接收信号对降雨噪声的空间平均效果不同。

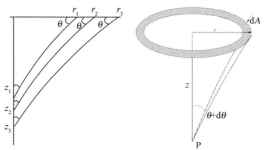

图 6.9　降雨噪声接收的海面范围示意

左图为海面降雨噪声辐射至接收水听器的路径示意，

右图为 P 点接收器所能接收的降雨海面范围示意

131

其次，计算了不同深度水听器接收的 $I_h/I_s$ 随海面水平距离的变化，如图 6.10 所示。图中的水平距离指接收器 P 所能接收的海面降雨噪声的水平距离 $r$，$I_s$ 为水平距离 $r$ 围成的海面面积内降雨噪声在 1 m 深度处辐射的声信号总强度，$I_h$ 为深度 $h$ 处的接收器所获得的声信号强度，$I_h/I_s$ 表示在同一水平距离 $r$ 的圆面上，一定深度的接收水听器获得的声信号强度与海面降雨噪声源强度之比。

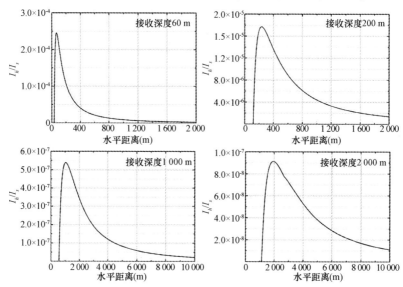

图 6.10    海面降雨噪声强度比值在不同接收深度下随水平距离的变化

由图 6.10 可得，当水平距离 $r$ 达到一定值时，接收器所接收的降雨噪声强度与海面降雨噪声源强度之比达到极大值。随着水平距离的进一步增大，$I_h/I_s$ 迅速减小。由此表明，对一定深度的接收器，海面降雨辐射的噪声信号在近场和远场的贡献较小，因此存在一个极大值，只有一定面积内的海面降雨噪声才是接收器声压的最大贡献。即在测量海面降雨噪声时，某一深度的接收器对应存在一个海面的测量范围——作用面积。通常，接收器的深度越深，其接收的声压强度就越小，声能损失越显著。图中接收深度为 60 m 的声压强度比接收深度 2 000 m 的声压强度高约 4 个数量级。

$I_h/I_s$ 不仅与接收深度有关，还与频率有关。即使同一深度的接收器，不同频率的 $I_h/I_s$ 变化显著。图 6.11 给出了 4 个不同接收深度下的 $I_h/I_s$ 随频率的变化趋势。

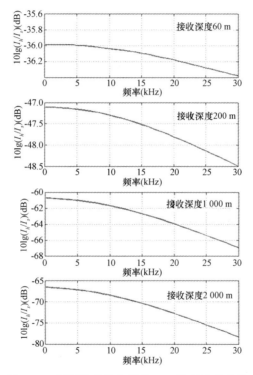

图 6.11　不同深度接收器的 $I_h/I_s$ 随频率的变化

频率越高，声能衰减越大，$I_h/I_s$ 减小。接收深度越深，频率变化越明显。例如，对于接收深度 2 000 m 测量的声强，在频带 0~30

133

kHz 的带宽内，$I_h/I_s$ 的差值可达 11.7 dB，而对于接收深度只有 60 m 的 $I_h/I_s$，其差值仅为 0.4 dB。可见，为提取降雨噪声源特性，需要剔除降雨噪声源在水体传播过程中引起的声压幅度衰减和不同频率上变化的影响。即应考虑将不同接收深度和不同频率的降雨噪声校正至海面降雨噪声源（在 1 m 深度上）的标准定义上。

为获得不同深度的降雨噪声功率谱强度校正值，需计算海面上单位面积降雨噪声源传播至指定深度的声能损耗系数 $C_0 = I_h/I_0$，即接收器所在位置的噪声强度与海面上单位面积降雨噪声源在 1 m 深度处辐射的强度之比。转换成以 dB 为单位的公式，

$$10\lg C_0 = 10\lg I_h - 10\lg I_0 \qquad (6-28)$$

注意，这里的 $I_0$ 是指海面单位面积内降雨噪声源在 1 m 深度处的辐射声强（即降雨噪声源强度），并非海面不同水平距离下辐射的总强度 $I_s$。

由于文献［92］已给出了接收深度 60 m 和 1 000 m 的降雨噪声观测数据，为方便检验数值算法，本书利用这两个接收深度计算声能损耗系数 $C_0$，获得海面降雨噪声源强度的校正值。计算的声能损耗系数如图 6.12 所示。

声能损耗系数 $C_0$ 的变化趋势与频率、接收深度、水体环境等有关。在图 6.12 中，接收深度为 60 m 的声能损耗系数在 0~38 kHz 的频带上衰减较小，约为 0.8 dB。而接收深度为 1 000 m 的声能损耗系数在 0~38 kHz 的频带上衰减较大，最高可达 11.2 dB。这种差异是因为声波的几何扩展损失及声波在海水中的声衰减引起的。若从某一频率来看，10 kHz 以下低频的声能损耗系数尽管接收深度不同，但其数值变化很小，如 5 kHz 处的声能损耗系数在两个不同深度上差别仅约 0.6 dB，而 35 kHz 处的差别可达约 9.2 dB。这是由于低频声波的海水声衰减较小及接收器深度较浅所能接收的海表面

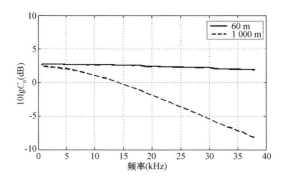

图 6.12　接收深度为 60 m 和 1 000 m 的声能损耗系数随频率的变化

的作用面积较小共同贡献的结果。因为接收深度 60 m 的水平作用距离仅为 34～110 m，而接收深度 1 000 m 的水平作用距离可达 565～1 675 m。

将图 6.12 计算的声能损耗系数应用到公式（6-28）中，即可计算得到海面噪声源强度 $I_0$。计算结果如图 6.13（海面小雨时辐射的噪声功率谱校正结果）和图 6.14（海面大雨时辐射的噪声功率谱校正结果）所示。

在图 6.13 中，a 图是 Nysuten 等[92]于小雨条件下海上实测的两个不同深度接收器的噪声功率谱 $I_h$，b 图是应用公式（6-28）校正后的海面降雨噪声源强度 $I_0$。由图 6.13a 可得，实测的接收深度为 1 000 m 的小雨噪声功率谱在整个频率域上明显小于接收深度为 60 m 的噪声功率谱，并随着频率的增大，接收深度 1 000 m 的噪声功率谱幅度下降较大。可以预见，接收深度的不同，降雨噪声功率谱在频率域上的分布差异更明显。因此，可直接采用这两组数据分析降雨噪声特征或用来反演海上降雨强度会出现偏差。由图 6.13b 可得，经过校正的噪声源强度 $I_0$（1 m 深度上），10 kHz 以上的降雨噪声功率谱在两个接收深度上无论是趋势还是幅度值大小基本一致；而在 10 kHz 以下，接收深度为 1 000 m 的谱幅度略小于 60 m 的谱幅度，虽然平均误差约 2 dB，但也比实测的误差小得多。出现这种误差是客观存在的，可能原因主要包括：①由于缺少详细的降雨测量海域的环境介绍，仿真的降雨环境过于理想；②海面降雨的非均匀性造成的，因为降雨期间雨滴的粒径分布和空间分布等皆存在不均匀性，而不同深度接收的降雨噪声在海面的水平作用范围不同，所接收的雨滴数量等分布均不相同。

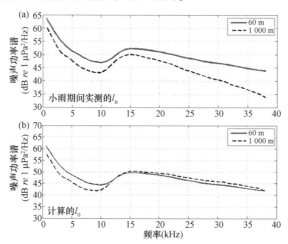

图 6.13　小雨期间实测的原始噪声功率谱与
校正后的噪声功率谱的比较

在图 6.14 中，a 图是 Nystuen 等大雨期间实测的两个不同深度的降雨噪声功率谱 $I_h$，b 图是 $I_h$ 应用公式（6-28）校正后的海面降雨噪声源强度 $I_0$。校正前，两个接收深度的噪声功率谱在频率域上分布不均，且较深的噪声功率谱随频率的下降速度较快。校正后，这两个接收深度的噪声源强度 $I_0$ 在频带 5~30 kHz 上的幅度和趋势几乎一致。可见，经过校正后，不同接收深度获得的海面降雨噪声

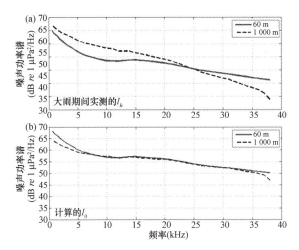

图 6.14　大雨期间实测的原始噪声功率谱与
校正后的噪声功率谱的比较

源强度 $I_0$ 在频率域上的分布趋于一致，消除了因接收深度、水体环境、频率等不同因素引起的数值差异，达到了归一化的效果。

## 6.3.2　淡水湖面降雨噪声源的计算与检验

1987 年 7—9 月，Laville 等[24]开始在淡水湖面开展降雨噪声的实际观测。他们首次采用了两个接收水听器，接收深度分别为 0.5 m 和 5 m。淡水湖的深度为 7.6~8 m，泥质湖底。本书数值仿真的湖体环境如图 6.15 所示，并利用 Laville 等的两个测量深度数据作为数值检验的依据。

由于淡水湖的深度仅为 8 m，且湖中水流缓慢，因此本书认为水中声速为等声速。为理解声波在淡水湖中的传播路径，本书结合海洋水声传播模型，通过计算机对降雨噪声的声线传播路径和两个

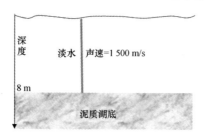

图 6.15　淡水湖面降雨噪声的仿真环境

不同深度的接收器所获得的声能变化等内容进行计算，如图 6.16 所示。

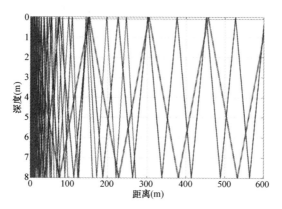

图 6.16　湖面降雨噪声在湖水中的传播声线

由图 6.16 可得，由于水体声速为等声速，海面降雨噪声主要的辐射方向为偶极子辐射方向，即垂直向下，深度分别为 0.5 m 和 5 m 的水听器几乎可以全部接收垂直于水面方向的降雨噪声。在水平传播方向，声能的贡献较小。通过计算表明，深度 0.5 m 的水听器接收的降雨噪声主要来自水面半径 2~5 m 以内雨滴辐射的声信号，深度为 5 m 的水听器接收的降雨噪声的水面半径更远，约

100 m，意味着距水听器水平距离约 100 m 的水面雨滴辐射的声信号均可能被深度 5 m 的水听器接收。

计算两个不同深度的 $I_h/I_s$ 随湖面水平距离的变化，如图 6.17 所示。

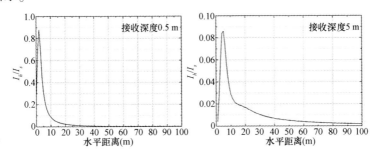

图 6.17 接收深度 0.5 m 和 5 m 的湖面降雨噪声
强度比值随水平距离的变化

由图 6.17 可得，淡水湖中两个深度的 $I_h/I_s$ 随频率的变化趋势与图 6.10 中深海海面降雨噪声的 $I_h/I_s$ 变化趋势基本一致，且都存在一个极值点，再次表明了接收水听器所获得的声信号主要由水面一定距离内降雨噪声贡献的结果。因此，不同深度接收的降雨噪声反映了水面上不同水平范围内的降雨噪声源的平均特性。

本书同样计算了海面上单位面积降雨噪声源传播至两个接收深度的声能损耗系数 $C_0$，如图 6.18 所示。可得，两个接收深度对应频率的声能损耗系数差别较大。在高于 8 kHz 的频带上，接收深度为 0.5 m 的声能损耗系数值大于接收深度为 5 m 的声能损耗系数值，最高相差约 5 dB。

将图 6.18 所计算的声能损耗系数结合实测的两个接收深度的降雨噪声功率谱数据（图 6.19）应用到公式（6-28）中，即可计算得到湖面降雨噪声源强度 $I_0$，结果见图 6.20。

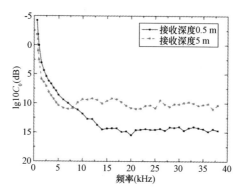

图 6.18　淡水湖中接收深度为 0.5 m 和 5 m 的
声能损耗系数随频率的变化

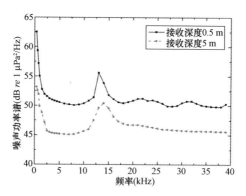

图 6.19　淡水湖中观测的接收深度为 0.5 m 和
5 m 的降雨噪声功率谱

在图 6.20 中, 两个接收深度的降雨噪声源强度 $I_0$ 在频带 0~3 kHz和频带 12~38 kHz 上基本一致, 消除了因接收深度等因素造成的功率谱差别, 体现了湖面降雨噪声源的特性。不过, 两个接收深度的 $I_0$ 在频带 3~12 kHz 上存在差异, 出现这种现象的原因是水

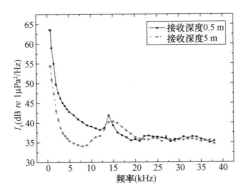

图 6.20　计算的接收深度为 0.5 m 和 5 m 的降雨噪声源强度 $I_0$

面降雨期间雨滴分布的不均匀性。因为，接收深度 0.5 m 和接收深度 5 m 的水面作用面积不一致，特别是毛毛雨条件通常不存在较大的雨滴和较低频的声音，因此，本书判断，接收深度 5 m 的噪声源强度 $I_0$ 更能真实反映湖面降雨噪声源特征。

　　为说明上述结论，还可以通过以下方法予以验证。考虑淡水的环境，当频率低于 1 000 kHz 时，淡水的声吸收系数小于或远小于海水（如当 50 kHz 时，淡水的声吸收系数小于 $10^{-3}$ dB/m）。因此，淡水湖中的降雨噪声由于传播距离很近（百米之下）和吸收系数极小，可以不考虑淡水的声吸收。为比较接收深度 0.5 m 和接收深度 5 m 的谱级的绝对值大小，若以 0.5 m 为基准值，可以考虑采用传播损失对接收深度 5 m 的谱级进行幅度校正。由于声波总是被限制在水中声道中，因此淡水湖宜采用柱面扩展，其公式为

$$TL = 10\lg r \qquad\qquad (6-29)$$

　　由公式（6-29）可得，当声波传播 0.5 m 时，声能损失约 3 dB，当声波传播 5 m 时，损失约 7 dB，若淡水湖中不考虑频率的声吸收，可将这两个数值直接应用到图 6.19 所示的实测降雨噪声

功率谱 $I_h$ 中，得到如图 6.21 所示的降雨噪声功率谱曲线。由此可见，在频带 3~12 kHz 的谱级值差异是由于实际观测降雨噪声带来的，而非仿真结果造成。

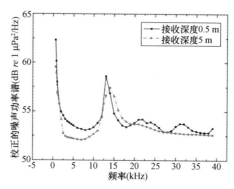

图 6.21　应用柱面扩展损失校正的降雨噪声功率谱

应当注意，图 6.20 和图 6.21 在功率谱大小上有差别，其含义大相径庭。图 6.20 的数值体现了降雨噪声源强度 $I_0$ 的值，即水面上单位面积的降雨噪声在 1 m 深度处的辐射声强，而图 6.21 仅仅利用几何扩展将实测的降雨噪声强度推算至距离 1 m 处的辐射声强，是空间范围内的降雨噪声共同贡献的结果，没有考虑降雨噪声因采样面积不同而导致的空间平均效应。

## 6.4　本章小结

在降雨噪声的测量过程中，若已知降雨噪声源强度，可以计算获得接收水听器所在位置的降雨噪声强度，这是一个正问题。但在实际测量中，海面降雨噪声源特性一般难以获得，反而希望从接收水听器获得的声压信号中提取降雨噪声源信号特性，该问题是逆问题。6.1 节利用声传播的射线理论阐述了当存在海面降雨噪声时接

收水听器的所在位置的声场强度表达式。6.2 节结合水声传播理论
研究了从接收器中剔除声波在水体传播中带来的声能损耗，进而推
导了提取海面降雨噪声源强度的方法，并在 6.3 节中通过数值仿真
给出海面降雨噪声源强度的校正系数，结合两个典型（深海和淡水
湖）实际测量的数据进行检验，结果表明，这种提取海面降雨噪声
源强度的方法是可行的。

# 第7章　结论与讨论

雨滴落在水面上会在水中辐射宽频带的噪声信号，其声压幅度有时比风成噪声大得多。观测结果表明，这种间歇性的噪声信号是海洋环境噪声背景场的一个重要干扰源，会极大地降低声呐的检测能力，影响水声通信的应用频带和降低水声设备的性能。通过开展降雨噪声的研究，分析不同降雨强度产生的噪声功率谱特征，建立降雨强度与噪声功率谱的定量关系，不仅有助于掌握海洋环境噪声源的相关知识，而且有利于实现利用水声学方法长期监测海上降雨的技术。本书在研究降雨噪声过程中，分别开展了以下工作：

（1）基于各种文献资料首次综合分析了水滴落至水面在水中辐射声信号的机理；

（2）降雨噪声的多次现场测量；

（3）降雨噪声的功率谱特征分析；

（4）结合声传播理论，创新性推导了降雨噪声源强度的提取方法。

## 7.1　主要工作和创新

本书的主要工作和创新如下：

（1）在国内首次系统地综述了水滴落至水面并在水中辐射声信号的过程，阐述了水滴辐射水下声信号的机理，讨论了产生声信号的重要影响因素，包括水滴的粒径大小、终端速度、入射角度等。

为观察和检验水滴落至水面辐射声信号的现象，本书还在室内水池开展了水滴观察实验，记录并分析了水滴落至水面辐射的声信号波形。此外，为理解室内人工水滴实验辐射的声信号和自然界降雨噪声的异同，本书讨论并总结了自然界降雨期间的雨滴在粒径分布、终端速度、风场扰动等方面与人工水滴实验的区别，表明了自然界降雨噪声的复杂性以及在研究过程中应加强实际自然界降雨噪声的测量。

（2）开展自然界降雨期间水下噪声的测量。自然界降雨期间水中噪声数据的采集是本书开展降雨噪声特性研究的基础。通过不断摸索和完善，本书设计了基于岸基和潜标形式的两种降雨噪声数据采集方案，并从理论上分析了降雨噪声观测过程中水面有效测量面积的估计方法。随后，开展了多达 12 次的降雨噪声的实际测量，并同步测量了降雨期间的雨量和风速，获得约 2 000 min 不同降雨条件的水下噪声数据。在此基础上，进行了降雨噪声数据的信号处理，包括降雨噪声功率谱计算、噪声干扰信号的剔除、降雨噪声功率谱与降雨强度的同步关联等，尤其还研究了风成噪声功率谱的剔除方法，因为降雨过程通常伴随着风场扰动，正确提取降雨噪声信号需要考虑风成噪声谱的影响。

（3）定量化研究了降雨噪声在不同降雨强度下的功率谱分布特征。通过应用"时间一致"的原则，开展降雨强度与噪声功率谱的同步分析，提取了不同降雨条件的噪声功率谱，建立起降雨强度与噪声功率谱曲线类型的联系。根据功率谱在频带 1~30 kHz 的幅度分布特征，创新性地提出了可将降雨噪声功率谱曲线分成三类：一是降雨强度为 0.1~4.0 mm/h 的噪声功率谱，通常在频带 13~25 kHz 之间出现较高幅度的谱峰；二是降雨强度在 4.0~18.0 mm/h 的噪声功率谱，除了继续存在宽谱峰外，频带 2~10 kHz 的功率谱迅速增加；三是在 18.0 mm/h 以上（通常为大雨或暴雨期间），此时频带 1~30 kHz 上的功率谱都较高，比无雨时的背景噪声增加了 20~30 dB，且在频带 1~30 kHz 还具有负斜率趋势。此外，通过噪声功率谱与降雨强度的相关性分析表明，频带 1~10 kHz 各频率对应的功率谱与降雨强度的相关性最好。

（4）首次结合声传播理论提出了降雨噪声源强度的计算方法。本书在已公开的研究文献中发现：同一降雨条件下的不同接收深度的噪声功率谱及在频率域上分布形状差别显著。究其原因，主要是把水听器接收到降雨噪声直接当成水面降雨噪声源，而极少考虑水面的降雨噪声源在水声信道传输过程中的声能损耗。因此，本书在综合分析海面噪声源模型、降雨噪声源强度研究背景和影响水面噪声源强度提取因素之后，结合水声传播模型，创新性地提出了从水听器获取的降雨噪声中提取水面降雨噪声源强度的方法，获得与观测水域环境不再相关的降雨噪声源强度。随后，通过传播模型的数值仿真，给出降雨噪声源强度的声能损耗系数，结合深海和淡水湖两个典型的水体环境及实际观测的降雨噪声数据进行检验，结果表明，这种提取水面降雨噪声源强度的方法是可行的。

## 7.2　展望

由于降雨噪声本身的复杂性及受自然界降雨实际观测的影响，目前对降雨噪声特征的研究还不够深入。基于目前已知的降雨噪声的两大应用目的，今后至少需要继续开展如下工作：

（1）降雨噪声源的提取方法研究。由于降雨所辐射的噪声可视作表面声源，与一定深度的接收器之间存在水声传输路径，如何在接收的声压信号中剔除声波传输过程中所包含的水体及边界的信息，是个较复杂的逆问题。因为降雨噪声的观测环境是多变的，涉及的影响因素较多，包括声速剖面、海水声吸收、海底海面边界的声学参数等。

（2）风场对降雨噪声的影响机制。降雨过程通常伴随着风场扰动，而风场的存在，不仅增加了对降雨噪声的识别难度，而且改变了降雨噪声在频率域的功率谱分布形状。这是因为，降雨噪声至少在两个方面受风场的影响：一是由水面风场独自产生的风成噪声功率谱，在频带分布上与降雨噪声部分重合，有可能污染降雨噪声信号；二是风场对降雨噪声的耦合作用，水平横风影响雨滴的入射角度，垂直风速影响雨滴的终端速度，由此导致降雨噪声的功率谱强度在各频带上重新分配。前者的研究目前已获得初步结论，后者的耦合作用目前鲜有报道，仅发现在毛毛雨期间辐射的降雨噪声对风速十分敏感的现象。综上，如何在提取降雨噪声观测过程分离出风速的影响因子？虽然本书分析了风成噪声功率谱的剔除方法，但要完善风场对降雨噪声的影响机制，需要在降雨期间对风场和降雨的联合观测与分析。

（3）基于降雨噪声功率谱特征的海上降雨强度反演算法研究。实现海上降雨的声学方法监测技术是研究降雨噪声的另一重要应用目的。通过本书的研究发现，空中不同的降雨强度在水中辐射的降雨噪声功率谱形状有所不同，因此我们可以采用在水中"监听声音"的方式记录降雨期间的噪声信号，并通过检查每一时刻降雨噪声的功率谱特征，发展基于噪声功率谱的降雨强度反演算法，从而实现用水声学技术监测海上降雨强度的目的。虽然这个工作正在进行，但现有定量化分析远远不足以支撑这个算法的反演。例如，一些文献中采用了经验法，其反演的参数仍然无法适用各个水域，不具有普遍性，也不利于算法的定量化。

# 参考文献

[1] NYSTUEN J A. Rainfall measurements using underwater ambient noise [J]. The Journal of the Acoustical Society of America, 1986, 79 (4): 972-982.

[2] 东京大学海洋研究所. 海洋的奥秘 [M]. 高华玮译. 北京：科学出版社, 2003, 32-34.

[3] BLACK P G, PRONI J R, WILKERSON J C, et al. Oceanic rainfall detection and classification in tropical and subtropical mesoscale convective systems using underwater acoustic methods [J]. Monthly Weather Review, 1997, 125: 2014-2042.

[4] NASA 的热带测雨任务卫星 TRMM [OL]. 2008, http: // www. kongcuo. com/archives/193. html.

[5] NYSTUEN J A, AMITAI E, ANAGNOSTOU E N, et al. Spatial averaging of oceanic rainfall variability using underwater sound: Ionian Sea rainfall experiment 2004 [J]. The Journal of the Acoustical Society of America, 2008, 123 (4): 1952-1962.

[6] NYSTUEN J A, MCPHADEN M, FREITAG H. Surface measurements of precipitation from an ocean mooring: The underwater acoustic log from the South China Sea [J]. Journal of Applied Meteorology, 2000, 39: 2182-2197.

[7] 刘伯胜, 雷家煜. 水声学原理 [M]. 哈尔滨：哈尔滨工程大学出版社, 1993.

[8] URICK R J. Principles of underwater sound [M]. Westport: Peninsula Pub., 1993.

[9] 尤立克. 水声原理 [M]. 哈尔滨：哈尔滨工程学院出版社, 1990.

[10]   BOM N. Effect of rain on underwater noise level [J]. The Journal of the A-coustical Society of America, 1969, 45 (1): 150-156.

[11]   WORTHINGTON A M. A study of splashes [M]. Green: Longmans, 1908.

[12]   KNUDSEN V O, ALFORD R S, EMLING J W. Underwater ambient noise [J]. Journal of Maine Research, 1948, 7 (3): 410-429.

[13]   TEER C A. Underwater detection establishment [C]. Informal report, British, 1949.

[14]   HEINDSMANN T E, SMITH R H, ARNESON A D. Effect of rain upon underwater noise levels [J]. The Journal of the Acoustical Society of America, 1955, 27 (2): 378-379.

[15]   FRANZ G J. Splashes as sources of sound in liquids [J]. The Journal of the Acoustical Society of America, 1959, 31 (8): 1080-1091.

[16]   WENZ G M. Acoustic ambient noise in the ocean: spectra and sources [J]. The Journal of the Acoustical Society of America, 1962, 34 (12): 1936-1956.

[17]   SHAW P T, WATTS D R, ROSSBY H T. On the estimation of oceanic wind speed and stress from ambient noise measurements [J]. Deep-sea Res., 1978, 25 (12): 1225-1233.

[18]   MUNK W H, BAGGEROER A. The Heard Island papers: a contribution to global acoustics [J]. The Journal of the Acoustical Society of America, 1994, 96: 2327-2335.

[19]   LEMON D D, FARMER D M, WATTS D R. Acoustic measurements of wind speed and precipitation over a continental shelf [J]. Journal of Geophysical Research, 1984, 89 (C3): 3462-3472.

[20]   SCRIMGER J A. Underwater noise caused by precipitation [J]. Nature, 1985, 318: 647-649.

[21]   SCRIMGER J A, EVANS D J, MCBEAN G A, et al. Underwater noise due to rain, hail, and snow [J]. The Journal of the Acoustical Society of

America, 1987, 81（1）：79-86.

[22]　PUMPHREY H C, CRUM L A, BJORNO L. Underwater sound produced by individual drop impacts and rainfall［J］. The Journal of the Acoustical Society of America, 1989, 85（4）：1518-1526.

[23]　PUMPHREY H C, CRUM L A. Free oscillations of near-surface bubbles as a source of the underwater noise of rain［J］. The Journal of the Acoustical Society of America, 1990, 87（1）：142-148.

[24]　LAVILLE F, ABBOTT G, MILLER M. Underwater sound generation by rainfall［J］. The Journal of the Acoustical Society of America, 1991, 89（2）：715-721.

[25]　BUCKINGHAM M J. On acoustic transmission in ocean-surface waveguides［J］. Pbilos. Trans. R. Soc. Lond., 1991, 335：513-515.

[26]　MEDWIN H, NYSTUEN J A, JACOBUS P W, et al. The anatomy of underwater rain noise［J］. The Journal of the Acoustical Society of America, 1992, 92（3）：1613-1623.

[27]　ASHOKAN M, LATHA G, RAMACHANDRAN R. Analysis of rain noise in shallow waters of Bay of Bengal during cyclonic storm JAL［J］. Review of Indian Journal of Geo-Marine Sciences, 2015, 44：795-799.

[28]　衣雪娟, 林建恒, 陈鹏, 等. 雨噪声实验研究［J］. 声学技术（增刊）, 2005, 24：58-59.

[29]　杨燕明, 牛富强, 等. 海面降雨引起的水下噪声谱特征研究［C］// 泛在信息社会中的声学——中国声学学会 2010 年全国会员代表大会暨学术会议论文集, 2010：74-75.

[30]　刘贞文, 杨燕明, 文洪涛, 等. 一种基于雨声谱形状的水面降雨强度反演方法［J］. 声学学报, 2010, 35（6）：634-640.

[31]　刘贞文, 文洪涛, 牛富强, 等. 海上降雨的水下噪声功率谱特征分析［J］. 应用海洋学学报, 2013, 32（4）：509-516.

[32]　刘舒, 尚大晶, 张宇飞. 降雨产生的水下噪声特性［C］//2016 年中

国西部声学学术交流会论文集，2016：4.

[33] 程琳娟，林巨，陈盈娜，等. 青岛地区降雨噪声特性分析 [C] // 2016 年中国西部声学学术交流会论文集，2016：4.

[34] 魏永星，于金花，李琦，等. 实测海洋环境噪声数据谱级特性研究 [J]. 海洋技术学报，2016，35（3）：36-39.

[35] 徐东，李风华. 台风中的降雨对水下环境噪声的影响 [J]. 声学技术，2019，38（1）：71-76.

[36] YOLANDE L S, PATRICK A, PAUL H F, et al. ATLAS self-siphoning rain gauge error estimates [J]. Journal of Atmospheric and Oceanic Technology, 2001, 18：1989-2002.

[37] 燕翔. 轻质屋盖雨噪声的实验研究 [J]. 电声技术，2008，32（3）：12-15.

[38] 张仁和. 中国海洋声学研究进展 [J]. 中国科学（物理），1996，23（9）：513-518.

[39] PAUL C E. 水声建模与仿真（第三版）[M]. 蔡志明等译. 北京：电子工业出版社，2005.

[40] 朱昌平，韩应邦，李建，等. 水声通讯基本原理与应用 [M]. 北京：电子工业出版社，2009.

[41] 林文斐. 风延迟效应对海洋环境噪音之影响研究 [D]. 广州：中山大学，2003.

[42] 郭业才，赵俊渭. 海洋环境噪声预报建模与算法研究 [J]. 舰船科学技术，2004，26（4）：26-30.

[43] 蒋咏华. 浅海风成海洋环境噪声场理论建模 [D]. 青岛：中国海洋大学，2002.

[44] 刘清宇. 海洋中尺度现象下的声传播研究 [D]. 哈尔滨：哈尔滨工程大学，2006.

[45] 杨士莪. 水声传播原理 [M]. 哈尔滨：哈尔滨工程大学出版社，1994.

[46] 刘孟庵，连立民. 水声工程 [M]. 浙江：科学技术出版社，2002.

[47] WILSON W D. Extrapolation of the equation for the speed of sound in sea water [J]. The Journal of the Acoustical Society of America, 1960, 34: 866.

[48] CHEN C T, MILLERO F J. Speed of sound in seawater at high pressures [J] The Journal of the Acoustical Society of America, 1977, 62 (5): 1129-1135.

[49] DEL GROSSO V A. New equation for the speed of sound in natural waters (with comparisons to other equations) [J]. The Journal of the Acoustical Society of America, 1974, 56: 1084-1091.

[50] ETTER P C. Underwater acoustic modeling: principles, techniques and applications [M]. London and New York: Elsevier Applied Science, 1991.

[51] HAMILTON E L. Geoacoutic modeling of the sea floor [J]. J. Acoust. Soc. Amer., 1980, 68: 1313-1340.

[52] 汪德昭, 尚尔昌. 水声学 [M]. 北京: 科学出版社, 1981.

[53] JENSEN F B. Numerical models of sound propagation in real oceans [C]. Proc. MTS/IEEE Oceans 1982 Conference, 1982: 147-154.

[54] JENSEN F B, KUPERMAN W A, PORTER M B, et al. Compultional ocean acoustic [M]. New York: Springer-Verlag, 2000.

[55] 王辉. 基于声线理论的水声信道传播特性研究 [D]. 西安: 西北工业大学, 2003.

[56] FERLA M C, JENSEN M B, KUPERMANM W A. High - frequency normal-mode calculations in deep water [J]. The Journal of the Acoustical Society of America, 1982, 72: 505-509.

[57] COLLINS M D. Higher-order Pade approximations for accirated and stable elastic parabolic equations with application to interface wave propagation [J]. The Journal of the Acoustical Society of America, 1991, 89 : 1050-1057.

[58] TAPPERT F D. The parabolic approximation method in wave propagation and underwater acoustic [J] Lecture Notes in Physics, 1977, 70:

224-287.

[ 59 ] PROSPERETTI A, OGUZ H N. The impact of drops on liquid surfaces and the underwater noise of rain [ J ]. Annual Review of Fluid Mechanics, 1993, 25 ( 1 ): 577-602.

[ 60 ] ELMORE P, CHAHINE G, OGUZ H. Cavity and flow measurements of reproducible bubble entrainment following drop impacts [ J ]. Experiments in Fluids, 2001, 31 ( 6 ): 664-673.

[ 61 ] RICHARDSON J D. Underwater ambient noise in the Straits of Florida and approaches [ R ]. Univ. Miami Mar. Lab. Rep., 1956: 56-67.

[ 62 ] NYSTUEN J A, MEDWIN H. Underwater sound produced by rainfall: secondary splashes of aerosols [ J ]. The Journal of the Acoustical Society of America,1995, 97 ( 3 ): 1606-1613.

[ 63 ] QUARTLY G, GUYMER T, SROKOSZ M, et al. Measuring rainfall from above and below the sea surface [ R ]. Empress Dock, Southampon, UK: Southampon Oceanograph centre, 2003: 24-26.

[ 64 ] NYSTUEN J A, MCGLOTHIN C, COOK M. The underwater sound generated by heavy rainfall [ J ]. The Journal of the Acoustical Society of America, 1993, 93 ( 6 ): 3169-3177.

[ 65 ] ETTER P C. Underwater acoustic modeling and simulation [ M ]. London: Spon Press, 2003.

[ 66 ] TAJIRI S, TSUTAHARA M, TANAKA H. Direct simulation of sound and underwater sound generated by a water drop hitting a water surface using the finite difference lattice Boltzmann method [ J ]. Computers & Mathematics with Applications, 2010, 59 ( 7 ): 2411-2420.

[ 67 ] MINNAERT M. On muscial air bubbles and the sounds of running water [ J ]. Phil. Mag., 1933, 16 ( 7 ): 235-248.

[ 68 ] MEDWIN H, KURGAN A, NYSTUEN J A. Impact and bubble sound from raindrops at normal and oblique incidence [ J ]. The Journal of the

153

Acoustical Society of America, 1990, 88（1）: 413-418.

［69］ NYSTUEN J A. Listening to raindrops from underwater: an acoustic dis-drometer ［J］. Journal of Atmospheric and Oceanic Technology, 2001, 18: 1640-1657.

［70］ 吕宏兴, 武春龙, 熊运章, 等. 雨滴降落速度的数值模拟 ［J］. 土壤侵蚀与水土保持学报, 1997, 3（2）: 14-21.

［71］ 姚文艺, 陈国祥. 雨滴降落速度及终速公式 ［J］. 河海大学学报, 1993, 21（3）: 21-27.

［72］ LAWS J O, Measurement of fall velocity of water drops and rain drops ［J］. Transactions of Geophysical Union, 1941, 22: 709-720.

［73］ BLANCHARD D C. From raindrops to volcanoes ［M］. New York: Doubleday, 1967.

［74］ 蔡丽君, 王国栋. 风矢量对坡面降雨动能分布的影响 ［J］. 中国农业大学报, 2003, 8（6）: 15-17.

［75］ MA B B, NYSTUEN J A, LIEN R C. Prediction of underwater sound levels from rain and wind ［J］. The Journal of the Acoustical Society of America, 2005, 117（6）: 3555-3565.

［76］ 张仁和. 海面噪声的空间相关与垂直方向性理论 ［J］. 声学学报, 1992, 17（4）: 270-277.

［77］ NYSTUEN J A, PRONI J, BLACK P, et al. A comparison of automatic rain gauges ［J］. Journal of Atmospheric and Oceanic Technology, 1996, 13（1）: 62-73.

［78］ MA B B. Passive acoustic detection and measurement of rainfall at sea ［D］. Washington: Doctor of Philosophy in University of Washington, 2004.

［79］ VAGLE S, LARGE W G, FARMER D M. An evalution of the WOTAN technique for inferring oceanic wind from underwater sound ［J］. J. Atmos. And Ocean. Tech, 1990, 7: 576-595.

［80］ 刘贞文, 杨燕明, 许肖梅, 等. 一种用能量谱去噪声计算声传播损失

的方法 [J]. 厦门大学自然科学版, 2009, 48 (3): 378-381.

[81] DEANE G B. Long time base observation of surf noise [J]. The Journal of the Acoustical Society of America, 1997, 102 (5): 2671-2689.

[82] 叶治宏. 海洋环境噪音量测系统及数据分析 [D]. 台湾: "国立中山大学", 1998.

[83] PRUPPACHER H R, Klett, J D. Microphysics of clouds and precipitation [C]. Reidel, Dordrecht, 1978.

[84] 陈勇杰. 浅海环境噪音之深度相依研究 [D]. 台湾: "国立中山大学", 2003.

[85] NYSTUEN J A, SELSOR H. Weather classification using passive acoustic drifters [J]. Journal of Atmospheric and Oceanic Technology, 1997, 14: 656-666.

[86] LIGGET C L, JACOBSON M J. Covariance of surface-generated noise in a deep ocean [J]. The Journal of the Acoustical Society of America, 1965, 38: 303.

[87] CAREY W M, EVANS R B, Ocean ambient noise: measurement and theory [M]. New York: Springer-Verlag, 2011.

[88] SCRIMGER J A, EVANS D J, YEE W. Underwater noise due to rain——open ocean measurements [J]. The Journal of the Acoustical Society of America, 1989, 85 (2): 726-731.

[89] SHONTING D, MIDDLETON F. Near-surface observations of wind and rain-generated sound using the SCANR: an autonomous acoustic recorder [J]. Journal of Atmospheric and Oceanic Technology, 1988, 5 (2): 228-237.

[90] NYSTUEN J A. Acoustical rainfall analysis: rainfall drop size distribution using the underwater sound field [J]. Journal of Atmospheric and Oceanic Technology, 1996, 13 (1): 74-84.

[91] ANAGNOSTOU M N, NYSTUEN J A, ANAGNOSTOU E N, et al. Evalu-

ation of underwater rainfall measurements during the Ionian Sea rainfall experiment [J]. Geosciences and Remote Sensing, IEEE Transactions, 2008, 46 (10): 2936-2946.

[92]    NYSTUEN J A, MOORE S E, STABENO P J. A sound budget for the southeastern Bering Sea: measuring wind, rainfall, shipping, and other sources of underwater sound [J]. The Journal of the Acoustical Society of America, 2010, 128 (1): 58-65.